だれでも
花の名前が
わかる本

The book to find out names of flowers

講談社編

講談社

だれでも花の名前がわかる本
The book to find out names of flowers

目次

パート1
◆ 花色で見わける ……………………………… 7

　桃色の花 …………………… 8
　赤色の花 …………………… 22
　青＆紫色の花 ……………… 32
　橙色の花 …………………… 46
　黄色の花 …………………… 52
　白色の花 …………………… 62
　その他の色の花 …………… 76

パート2
◆ 花形＆花のつき方で見わける ……………… 79

　花形で見わける　放射状にひらく花　3弁 ……………… 80
　花形で見わける　放射状にひらく花　4弁 ……………… 81
　花形で見わける　放射状にひらく花　5弁・5裂 ……………… 86
　花形で見わける　放射状にひらく花　6弁・6裂 ……………… 106
　花形で見わける　放射状にひらく花　6弁・8弁・重弁 ……………… 111
　花形で見わける　放射状にひらく花　重弁 ……………… 112
　花形で見わける　らっぱ形の花 ……………… 118
　花形で見わける　つぼ形＆筒形の花 ……………… 128
　花形で見わける　蝶形＆左右対称の花 ……………… 138
　花形で見わける　舟形＆松笠形の花 ……………… 148
　花形で見わける　はたき形の花 ……………… 154
　花形で見わける　キク形の花 ……………… 156
　花形で見わける　アザミ形の花 ……………… 171
　花形で見わける　アヤメ形の花 ……………… 172

　花のつき方で見わける　球状につく花 ……………… 174
　花のつき方で見わける　傘状＆房状につく花 ……………… 178
　花のつき方で見わける　穂状につく花 ……………… 192
　花のつき方で見わける　円錐状につく花 ……………… 208

◆ 索引

　花名索引 ……………… 211
　園芸分類別索引 ……………… 218

本書の使い方

　本書では「花色」と「花形＆花のつき方」の２つの方法で花の名前を調べます。基本的に私たちの身の回りにある花、季節を代表する花、暮らしにかかわりのある花を取り上げました。花壇や鉢植え、寄せ植えなどに利用する草花、料理や香りを楽しむ野菜やハーブ、庭や鉢植えに利用する樹木、市街地や近くの野山で見かける樹木と野草などです。

　パート２には、それぞれの花の名前と別名、学名、植物分類、原産地、花色、花の大きさか花序の大きさ、高さ、特徴などの基本データを記しました。これらを知ることにより花への理解が深まり、花をより身近に楽しむことができるようになります。

　巻末の索引は「花名索引」と、草花、樹木、野草、野菜、ハーブなどの園芸分類別にわけた「園芸分類別索引」を設けました。

パート１　花色で見わける

　それぞれの花の代表的な花色を紹介しました。花色が複数あるものは、なるべくよく見かける色を紹介しました。それぞれの花にどんな花色があるかは、パート２のデータ欄に掲載してあります。

　紹介した花色は、桃色、赤色、青＆紫色、橙色、黄色、白色、その他の色の７つです。花の名前の右に、その花のパート２の掲載ページを記しました。写真の左上の数字は「開花する月」です。並び順は基本的に１月から順です。

Pink　Red　Purple　Orange　Yellow　White　Others

パート2
花形&花のつき方で見わける

同じ仲間の花は形がよく似ています。ただし、大きさやつき方によって印象はかなり変わって見えます。つまりさがすうえの手がかりがたくさんあるので、ここでは編集部が考えたさがしやすい手がかり別に紹介してあります。並ぶ順は、パート1と同じです。

❋ 花形で見わける ❋

放射状にひらく花

花びらが一定の形で平らにひらく「放射状の花」を花びらの数、および花びらの裂ける数の順に「3弁」、「4弁」、「5弁・5裂」、「6弁・6裂」、それ以上は「重弁」として紹介しました。ただしキク、アヤメ、アザミの仲間は別のまとめにします。

らっぱ形の花

花が細長くて先に行くにつれて広がる「らっぱ形」の花をまとめました。

つぼ形&筒形の花

つぼ形およびベル形の花と、細長い筒形の花をまとめました。つぼ形は花びらが何枚も集まってつぼ形になるものも含みます。

蝶形&左右対称の花

蝶や鳥が羽根を広げたような優美な形の花と、それに近い複雑に切れ込んだ左右対称の花をまとめました。

舟形&松笠形の花

花だけでなく、花びらを囲んで保護する苞や萼が舟形や松笠形できれいに色づくものをまとめました。

はたき形の花

細い花びらがたくさん集まったり、花びらが細かく裂けてはたき形になる花をまとめました。

キク形の花

キクは園芸草花の中でもっとも大きな仲間です。中心の頭花から花びらが広がるものや、花びらがたくさんついた八重咲きの花をまとめました。キクの仲間以外も含みます。

アザミ形の花

はっきりした花びらが見当たらないアザミ形の花をまとめました。

アヤメ形の花

外側の3枚と内側の3枚の花びらが対になってつくアヤメ形の花をまとめました。

🌸 花のつき方で見わける 🌸

球状につく花

花が小さいものやたくさんつくものです。つき方別に花が球および球に近い状態に集まってつくものをまとめました。

傘状＆房状につく花

花が傘状および房状につくものをまとめました。

穂状につく花

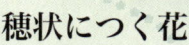

花が穂状につくものをまとめました。上向きにつくものと下に垂れるものもあります。

円錐状につく花

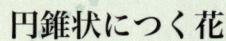

茎がわかれて円錐状の大きな花序をつくるものをまとめました。

凡例

❀ パート1

開花期（月）

1〜12

植物名 — シマサンゴアナナス
パート2の掲載ページ 148

❀ パート2

❶ **アイスランドポピー**
　　　　　Papaver nudicaule ❸
❷ シベリアヒナゲシ
❹ ケシ科　耐寒性一年草 ❼
　原産地 北極近辺 ❺
❻ 花　色 ❀❀❀❀❀
　花径 5〜8cm　草丈 30〜50cm
　開花期 2〜5月
　特　徴 全草に微毛がある。
　つぼみは下向きで開花につれ
　上を向く。日向を好む。

パート2の使い方

❶ 植物名
一般に使われている名称。

❷ 別名
別名、和名、英名など。

❸ 学名
世界共通の植物名表記。

❹ 科名
その植物が所属する科を表記。これを知れば同じ仲間がわかる。

❺ 原産地
その植物の生まれ故郷。自然または人工的に交配したものは交雑種と記した。

❻ 花色
その花のもつ色のバリエーションを掲載。一番最後にその他の色を記した。

❼ 耐寒性と園芸的分類
耐寒性＝関東地方以南で戸外で冬越しする。
半耐寒性＝関東地方南部で軽い防寒をすれば冬越しできる。
非耐寒性＝関東地方南部でも戸外で冬越しできない。
園芸分類
1年草＝芽が出て生育して花が咲き枯れるまでが1年以内。
2年草＝芽が出て生育して花が咲き枯れるまでが1年以上、2年未満。
多年草＝2年以上生育する。非耐寒性の観葉植物やラン類などもここに含めた。
宿根草＝多年草のうち戸外で生育するもの。本来は宿根草だが耐寒性がなくて冬越しできないもの、暑さに弱くて夏越しできないものは1年草扱いされるので（1年草）と記した。
球根＝多年草のうち地下の葉や茎、根などが養分を蓄えて肥大し、翌年そこから芽をだし生育する。
木本＝長年生き続けて茎が木質化する。
高木＝高さが5m以上の木本。
低木＝高さが3m未満。
小高木＝高木と低木の中間。
つる性＝茎が細く伸びてほかのものに絡まりついて生育する。
常緑＝1年中葉が枯れない。
落葉＝冬に葉が落ちる。

パート1
花色で見わける

The book to find out names of flowers

桃色の花カタログ

Pink

ピンクは濃淡でさまざまな表情を持つ色。
淡いと人の気持ちをやわらげ、
濃いとあでやかな印象を与えます。
個性的な表情のピンクの花を紹介します

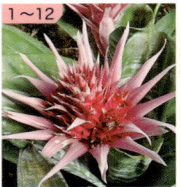

1～12
シマサンゴアナナス 148

1～12
セトクレアセア 80

1～3
ウメ 105

1～3
コチョウラン 138

2～4
クリスマスローズ 87

2～4
ウンナンサクラソウ 86

2～4
セイヨウクモマグサ 86

2～4
デンドロビウム 138

2～4
デンファレ 138

2～4
ボケ 87

2～4
ボロニア・ピンナータ 81

2～5
アイスランドポピー 81

3～4
ショウジョウバカマ 154

3～4
アセビ 128

3～4
アンズ 87

3～4
カタクリ 106

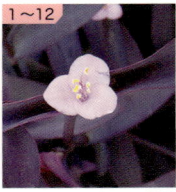

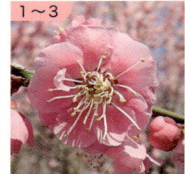

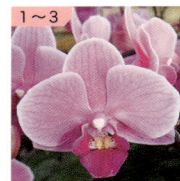

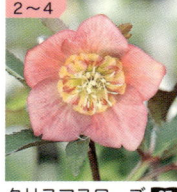

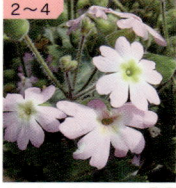

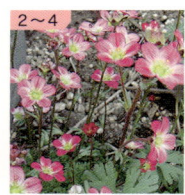

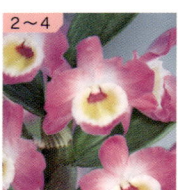

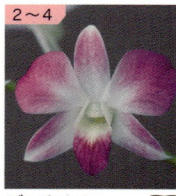

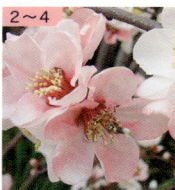

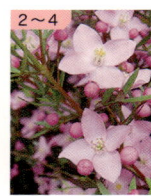

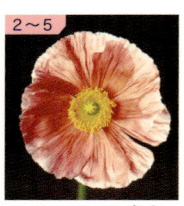

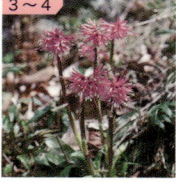

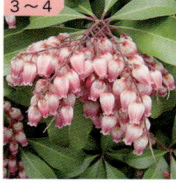

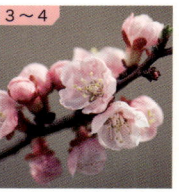

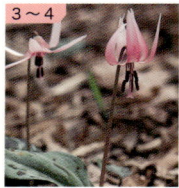

桃色 春

| 3〜4 シデコブシ 154 | 3〜4 シバザクラ 87 | 3〜4 ハナモモ 113 | 3〜4 バーベナ 87 |

| 3〜4 ヒアシンス 192 | 3〜5 ヒナゲシ 81 | 3〜5 チューリップ 130 |

| 3〜5 アネモネ 112 | 3〜5 シザンサス 139 |

| 3〜5 ハルジオン 157 | 3〜5 ヒマラヤユキノシタ 88 | 3〜5 ヒメキンギョソウ 193 | 3〜5 ペラルゴニウム 178 |

| 3〜6 オステオスペルマム 157 | 3〜6 オドリコソウ 178 | 3〜6 マーガレット 158 | 3〜11 ゼラニウム 179 |

桃色 春

3〜11 バコパ 88	4 カリン 89	4 クルメツツジ 119	4 ニワウメ 89
4 ハナカイドウ 113	4 チューリップ'ライラックワンダー' 107	4〜5 アルメリア 174	4〜5 イキシア 193
4〜5 サクラソウ 90	4〜5 サトザクラ 113	4〜5 シャクナゲ 119	
4〜5 シャクヤク 113	4〜5 スターチス 179		
4〜5 トキワマンサク 155	4〜5 バージニアストック 83	4〜5 ハナズオウ 194	4〜5 ハナミズキ 84

桃色 春

| 4〜5 プリムラ・デンティクラータ 174 | 4〜5 ミヤコワスレ 158 | 4〜5 ライラック 195 | 4〜5 ラナンキュラス 114 |

| 4〜5 リビングストンデージー 159 | 4〜5 ワスレナグサ 91 | 4〜6 アケボノフウロ 91 |

| 4〜5 アッツザクラ 107 | | 4〜6 アルストロメリア 140 |

| 4〜6 イベリス・ウンベラータ 180 | 4〜6・10〜11 ガーベラ 160 | 4〜6 クリンソウ 91 | 4〜6 ケマンソウ 140 |

| 4〜6 スイートサルタン 159 | 4〜6 スイートピー 140 | 4〜6 デルフィニウム 195 | 4〜6 フクシア 133 |

桃色 春

4～6		
マツバギク 159	フロックス・ピロサ 92	ヤグルマギク 159
	ラークスパー 195	レンゲ 181

4～6	4～6・9～11	4～7・9～11	4～7・9～10
ロベリア・エリヌス 141	カーネーション 114	アイビーゼラニウム 141	キンギョソウ 141

4～7	4～7	4～8	4～10
ローダンセ 160	ワックスフラワー 92	ハナアザミ 171	ガザニア 160

4～10	4～10	4～10	4～10
カリブラコア 120	ストレプトカーパス 120	ディアスシア 141	ベゴニア・センパフローレンス 141

桃色 春

| 4〜11 アブチロン 92 | 4〜11 キダチベゴニア 181 | 4〜11 ペチュニア 120 |

| 4〜11 キュウコンベゴニア 114 | 4〜12 ハナアナナス 149 |

| 5 アノマテカ 108 | 5 ボタン 114 | 5〜6 アクイレギア 93 | 5〜6 アグロステンマ 93 |

| 5〜6 アマリリス 121 | 5〜6 エゴノキ 94 | 5〜6 オオデマリ 175 | 5〜6 オリエンタルポピー 108 |

| 5〜6 カルミア 175 | 5〜6 セイヨウサンザシ 182 | 5〜6 シラン 142 | 5〜6 スモークツリー 208 |

桃色 春

5〜6 タイム 182	5〜6 タニウツギ 121	5〜6 キングプロテア 149	5〜6 ヒューケラ 197
5〜6 ベニバナトチノキ 197	5〜6 ムシトリナデシコ 182	5〜6 ラッセルルピナス 197	5〜6 ローズゼラニウム 143
5〜6 ローダンセマム 160	5〜7 アスチルベ 208		5〜7 カライトソウ 198
5〜7 ジギタリス 135			5〜7 ハマナス 96
5〜7 ヒルザキツキミソウ 85	5〜7 ホタルブクロ 135	5〜7 サラサウツギ 115	5〜7 リクニス・フロス-ククリ 155

5〜7	5〜8	5〜8
リナリア・プルプレア **199**	フウリンソウ **135**	ゴデチア **85**

5〜8	5〜8
グロッバ **150**	サンタンカ **183**

5〜8	5〜8	5〜8	5〜9
シモツケ **184**	スイセンノウ **96**	ネジバナ **199**	イソトマ **143**

5〜9	5〜9	5〜10	5〜10
トルコギキョウ **122**	ヘメロカリス **122**	アンスリウム **150**	イモカタバミ **96**

5〜10	5〜10	5〜10	5〜10
インパチエンス **143**	エリゲロン・カルビンスキアヌス **161**	グズマニア **150**	ケイトウ（トサカゲイトウ）**199**

桃色 春

桃色 春・夏

5〜10	5〜10	5〜10	5〜10
ニチニチソウ 97	ニューギニアインパチエンス 144	ハイビスカス 97	ニコチアナ 123
5〜10	5〜11	5〜11	5〜11
ブーゲンビレア 151	サザンクロス 97	ダリア 162	ペンタス 184
5〜11	6〜7	6〜7	6〜7
ランタナ 185	アストランチア 186	オルフィウム 98	ハイブリッドカラー 151
6〜7	6〜7	6〜7	
シモツケソウ 186	タチアオイ 98	ヒメサユリ 123	
	6〜8	6〜8	
	コヒルガオ 123	セントランサス 187	

桃色 夏

6〜9 アキメネス 124	6〜9 アキレア 188	6〜9 アスター 163	6〜9 エキナセア 164
6〜9 オレガノ 188	6〜9 スイレン 116	6〜9 ペパーミント 203	6〜9 ホウセンカ 144
6〜9 マンデビラ 124	6〜9 マツバボタン 115	6〜10 オイランソウ 101	
6〜10 アベリア 124	6〜10 オシロイバナ 124		
6〜10 カワラナデシコ 100	6〜10 グラジオラス 203	6〜10 クレオメ 144	6〜10 サポナリア 101

桃色 夏

6〜10 インカノカタバミ 100	6〜10 ジニア・エレガンス 164	6〜10 センニチコウ 152	6〜10 ブッドレア 204
6〜10 ポーチュラカ 101	6〜11 アザレア 116	6〜11 ガウラ 145	
6〜11 エンゼルストランペット 125	6〜11 カンナ 145		
6〜11 サルビア・コクシネア 204	6〜11 ブラキカム 165	6〜11 ユウゼンギク 165	7〜8 カノコユリ 109
7〜8 ハス 117	7〜9 アサガオ 125	7〜9 アメリカフヨウ 102	7〜9 キョウチクトウ 102

桃色 夏

7〜9 サルスベリ 210	7〜9 ノゲイトウ 205	7〜9 ミソハギ 205
7〜9 フィソステギア 205	7〜9 リアトリス 205	

7〜9 ロベリア・スペシオサ 206	7〜10 オジギソウ 177	7〜10 ケローネ 137	7〜9 チーゼル 153
7〜10 ムクゲ 103	7〜10 ムクゲ 103	7〜11 コスモス 167	8 ナツズイセン 126
8〜9 ツルボ 206	8〜9 ベラドンナリリー 126	8〜10 オオベンケイソウ 189	8〜10 クルクマ'シャローム' 153

桃色 夏・秋

8〜10 シュウカイドウ 189	8〜10 サフランモドキ 110	8〜10 ダンギク 190	9〜10 クジャクアスター 167
8〜10 フヨウ 103	8〜10 オオケタデ 206	8〜11 リンドウ 127	9〜10 フジバカマ 190
9〜11 シュウメイギク 117	9〜11 ネリネ 190		10〜2 カトレア 146
10〜4 シクラメン 153			10〜5 スイートアリッサム 191
10〜5 パンジー&ビオラ 147	10〜7 アークトチス ハーレクイングループ 169	10〜11 コルチカム 127	10〜12 キク(ポットマム) 169

桃色 秋・冬

| 10〜12 キク（オオギク） 169 | 10〜12 キク（スプレーギク） 169 | 10〜12 サザンカ 104 | 11〜12 ルクリア 105 |

| 11〜3 エリカ'クリスマスパレード' 137 | 11〜2 カンツバキ 117 | 11〜3 エピデンドルム 191 | 11〜3 シンビジウム 147 |

| 11〜4 ジャノメエリカ 210 | 11〜4 プリムラ・マラコイデス 104 | 11〜4 ストック 207 |

| 11〜4 ツバキ 104 | 11〜5 デージー 170 |

| 12〜3 プリムラ・オブコニカ 105 | 12〜3 プリムラ・ジュリアン 105 | 12〜3 プリムラ・ポリアンサ 105 | 12〜5 サイネリア 170 |

赤色
春

赤色の花カタログ

Red

赤は強い気持ちを伝える劇的な色。
燃えるような熱い情熱で、
人の心を動かせ魅了します。
存在感のある赤い花を紹介します。

1〜3 ウメ 105	 1〜3 ウメ 105
 1〜3 カランコエ 'ウェンディ' 128	 1〜12 アカリファ 'キャッツテール' 192
 2〜3 カンヒザクラ 128	 2〜4 クリスマスローズ 87	 2〜4 ボケ 87	 2〜5 アイスランドポピー 81
 2〜5 カルセオラリア 148	 2〜5 カルセオラリア 148	 3〜4 ハナモモ 113	 3〜4 バーベナ 87

3〜4 ヒアシンス 192

3〜4 フリージア 118

3〜4 ミツマタ 178

3〜5 アネモネ 112

3〜5 シザンサス 139	3〜5 チューリップ 130	3〜5 ネメシア 139	3〜5 ハナビシソウ 82
3〜5 ペラルゴニウム 178	3〜6 カンガルーポー 130	3〜6 マーガレット 158	3〜11 ゼラニウム 179
4 クルメツツジ 119	4〜5 ヒナゲシ 83	4〜5 シャクナゲ 119	4〜5 シャクヤク 113
4〜5 スパラキシス 107	4〜5 トキワマンサク 155		
4〜5 ハナミズキ 84	4〜5 ラナンキュラス 114		

赤色 春

4〜5 ビジョナデシコ 180

4〜10 ガザニア 160	4〜10 クレマチス 111	4〜10 ツキヌキニンドウ 133	赤色 春
4〜10 トレニア 142	4〜10 ベゴニア・センパフローレンス 141		
4〜11 ペチュニア 120	4〜11 アブチロン 92	4〜11 ウキツリボク 133	4〜11 サルビア・ミクロフィラ 142
5 ボタン 114	5〜6 アクイレギア 93	5〜6 アマリリス 121	5〜6 カリステモン 196
5〜6 カルミア 175	5〜6 サツキ 121	5〜6 セイヨウサンザシ 180	5〜6 アカバナトチノキ 134

5〜10	5〜10	5〜10	5〜10
サルビア・スプレンデンス 200	ニコチアナ 123	ニチニチソウ 97	ハイビスカス 97

赤色 春・夏

5〜11	5〜11	5〜10
キバナコスモス 162	ダリア 162	

5〜11	5〜11	
トリトマ 200	フレンチマリーゴールド 162	ブーゲンビレア 151

5〜11	5〜11	5〜11	6〜7
フレンチマリーゴールド 162	ペンタス 184	ランタナ 185	ハイブリッドカラー 203

6〜7	6〜7	6〜7	6〜7
ガクアジサイ 186	セイヨウアジサイ 186	アストランチア 186	サラサドウダン 136

赤色 夏

| 6〜7 タチアオイ 98 | 6〜7 ヤマアジサイ 187 | 6〜8 オオインコアナナス 151 | 6〜8 グロリオサ 109 |

| 6〜8 ネムノキ 187 | 6〜8 モナルダ 188 | 6〜8 リクニス×ハーゲアナ 99 | 6〜9 アキレア 188 |

| 6〜9 アスター 163 | 6〜9 サルピグロッシス 124 |

| 6〜9 スイレン 116 | 6〜9 マツバボタン 116 |

6〜9 アメリカデイコ 151

| 6〜9 マンデビラ 124 | 6〜10 イヌタデ 200 | 6〜10 オシロイバナ 124 | 6〜10 グラジオラス 203 |

| 6〜10 ジニア・エレガンス 164 | 6〜10 センニチコウ 152 | 6〜10 センニチコウ（キバナセンニチコウ）152 | 6〜10 ポーチュラカ 101 |

赤色 夏

| 6〜11 アザレア 116 | 6〜11 サルビア・コクシネア 204 | 6〜11 カンナ 145 |

| 7〜8 ガイラルディア 165 | | 7〜8 カノコユリ 109 |

| 7〜9 アサガオ 125 | 7〜9 アプテニア 165 | 7〜9 アメリカフヨウ 102 | 7〜9 キョウチクトウ 102 |

| 7〜9 ノゲイトウ 205 | 7〜9 ヘレニウム 166 | 7〜9 モミジアオイ 102 | 7〜9 ロベリア・スペシオサ 206 |

赤色 夏・秋

| 7〜9 ベニバナサワギキョウ 145 | 7〜10 ヒマワリ 166 | 7〜10 ムクゲ 103 | 7〜10 ムクゲ 103 |

| 7〜11 コスモス 167 | 8〜10 ルコウソウ 126 | 9 ヒガンバナ 190 | 9〜11 ネリネ 190 |

| 10〜12 キク（オオギク）169 | 10〜12 キク（ポットマム）169 | 10〜2 カトレア 146 | 10〜5 ウォールフラワー 85 |

| 10〜5 パンジー＆ビオラ 147 | 10〜4 シクラメン 153 | 10〜5 スイートアリッサム 191 |
| | 10〜11 サルビア・エレガンス 207 | 11〜1 シャコバサボテン 147 |

赤色 秋・冬

11〜2
カンツバキ　117

11〜2
アロエ　137

11〜3
エピデンドルム　191

11〜3
シンビジウム　147

11〜3
ポインセチア　153

11〜4
エラチオールベゴニア　117

11〜4
カランコエ　191

11〜4
ツバキ　104

11〜4
プリムラ・マラコイデス　104

11〜5
デージー　170

12〜3
プリムラ・ジュリアン　105

12〜3
プリムラ・ポリアンサ　105

12〜5
サイネリア　170

11〜4
ツバキ　104

青＆紫色の花カタログ
Blue & Purple

青は晴れわたる空と澄んだ水の色。
人の心を穏やかに静めます。
紫は気高く落ちついた大人の色。
涼やかな青と紫色の花を紹介します。

青色・紫色 春

1〜3
コチョウラン　138

1〜12
セントポーリア　86

1〜12
ツルニチニチソウ　86

1〜12
バンダ　138

1〜4・7〜12
ローズマリー　138

2〜3
イリス・レティクラータ　172

2〜4
デンドロビウム　138

2〜4
デンファレ　138

2〜4
ユキワリソウ（雪割草）111

2〜4
クロッカス　118

2〜5
スカビオサ　156

3〜4
アネモネ・ブランダ　156

2〜4
デンドロビウム　138

3〜4 オオイヌノフグリ 81	3〜4 シバザクラ 87	3〜4 バーベナ 87	3〜4 ヒアシンス 192
3〜4 フリージア 118	3〜4 ムスカリ 193	3〜4 モクレン 129	3〜4 リューココリネ 106
3〜5 アネモネ 112	3〜5 アネモネ 112	3〜5 イカリソウ 82	3〜5 チューリップ 130
3〜5 カリフォルニアライラック 174	3〜5 シザンサス 139		
3〜5 ネメシア 139	3〜5 ハナニラ 107		

青色・紫色 春

3〜5 チューリップ 130

青色・紫色 春

3〜5 ヒメキンギョソウ 193	3〜5 ヒメキンギョソウ 193	3〜5 ミツバツツジ 119	3〜6 オステオスペルマム 157
3〜6 カラスノエンドウ 139	3〜6 シノグロッサム 88	3〜6・9〜10 ブルーデージー 158	3〜11 ゼラニウム 179
4 アケビ 80	3〜11 バコパ 88		4〜5 アジュガ 193
4〜5 イキシア 193			4〜5 イチハツ 172
4〜5 エビネ 139	4〜5 エレモフィラ 131	4〜5 エンドウ 139	4〜5 オオムラサキ 119

| 4〜5 オトメギキョウ 89 | 4〜5 サクラソウ 90 | 4〜5 シャガ 172 | 4〜5 シャクナゲ 119 |

| 4〜5 シラー・カンパヌラタ 131 | 4〜5 シラー・ペルビアナ 179 | 4〜5 スターチス 179 | 4〜5 スミレ 140 |

青色・紫色 春

| 4〜5 タチツボスミレ 140 | 4〜5 ネモフィラ 90 | 4〜5 ダッチアイリス 173 |

| 4〜5 バージニアストック 83 | | 4〜5 フジ 194 |

| 4〜5 プリムラ・デンティクラータ 174 | 4〜5 ベロニカ'オックスフォードブルー' 84 | 4〜5 ミヤコワスレ 158 | 4〜5 ムラサキハナナ 84 |

35

青色・紫色 春

| 4～5 ライラック 195 | 4～5 リビングストンデージー 159 | 4～5 ワスレナグサ 91 |

4～6 アルストロメリア 140 ／ 4～6 アルストロメリア 140

4～6 ギリア・トリコロール 91 ／ 4～6 ギリア・レプタンサ 174 ／ 4～6 コリダリス'チャイナブルー' 132 ／ 4～6 イベリス・ウンベラータ 180

4～6 スイートピー 140 ／ 4～6 セリンセ 133 ／ 4～6 デルフィニウム 195 ／ 4～6 フクシア 133

4～6 フロックス・ドラモンディー 92 ／ 4～6 フロックス・ピロサ 92 ／ 4～6 マツバギク 159 ／ 4～6 ミムラス 141

4～6	4～6	4～6	4～6
ムラサキケマン 133	ヤグルマギク 159	ラークスパー 195	ロベリア・エリヌス 141
4～7・9～11	4～7	4～7	4～10
アイビーゼラニウム 141	グロキシニア 120	ワックスフラワー 92	カリブラコア 120
4～10	4～10	4～10	4～10
クレマチス 111	ストレプトカーパス 120	トレニア 142	フリンジドラベンダー 196

青色・紫色 春

4～11	5	5
	アヤメ 173	カキツバタ 173
	5	5
ペチュニア 120	ゲラニウム 'ジョンソンズブルー' 93	ジャーマンアイリス 173

青色・紫色 春

| 5 ヒメシャガ 173 | 5 ボタン 114 | 5〜6 アクイレギア 93 | 5〜6 アサツキ 175 |

| 5〜6 アリウム・ギガンチウム 175 | 5〜6 インカルビレア 122 | 5〜6 カマシア 196 | 5〜6 カラタネオガタマ 108 |

| 5〜6 コバノタツナミ 134 | 5〜6 シラン 142 | 5〜6 セージ 196 |

| 5〜6 チャイブ 176 | 5〜6 チョウジソウ 94 |

| 5〜6 チリアヤメ 80 | 5〜6 トリテレイア 122 | 5〜6 ニオイバンマツリ 94 | 5〜6 ニゲラ 115 |

38

5〜6	5〜6	5〜6	5〜6
ニワゼキショウ 108	ブルーレースフラワー 182	ラッセルルピナス 197	ラムズイヤー 198

5〜6	5〜7	5〜7
レーマンニア 142	イングリッシュラベンダー 198	カンパヌラ・グロメラタ 183
	カンパヌラ・ペルシキフォリア 95	カンパヌラ・ラプンクロイデス 134

5〜7	5〜7	5〜7	5〜7
ジギタリス 135	フレンチラベンダー 199	ヘリオトロープ 183	ホタルブクロ 135

5〜7	5〜7	5〜8	5〜8
ボリジ 95	リナリア・プルプレア 199	オダマキ 96	グロッバ 150

青色・紫色 春

青色・紫色 春

5〜8		
フウリンソウ 135	ニーレンベルギア 96	ベロニカ・スピカータ 199
	ペンステモン・スモーリー 135	イソトマ 143

5〜9	5〜9	5〜10	5〜10
トケイソウ 116	トルコギキョウ 122	アンゲロニア 143	オキシペタルム 96

5〜10	5〜10	5〜7・9〜10	5〜9
キャットミント 200	サルビア・ネモローサ 200	ゼニアオイ 97	コンボルブルス・サバティウス 123

5〜10	5〜10	5〜10	5〜11
ニューギニアインパチエンス 144	ブーゲンビレア 151	ルリマツリ 185	アゲラタム 171

5〜11	5〜11	5〜11	5〜11
アメリカンブルー **97**	デュランタ **200**	シュッコンバーベナ **185**	プレクトランサス 'モナラベンダー' **136**
6	6〜7	6〜7	
コアジサイ **185**	アジサイ **186**		
6〜7	6〜7		
ガクアジサイ **186**	ギボウシ **123**	アガパンサス **176**	
6〜7	6〜7	6〜7	6〜7
シュッコンスターチス **209**	ハナショウブ **173**	ポンテデリア **201**	ムラサキセンダイハギ **202**
6〜7	6〜8	6〜8	6〜8
ヤマアジサイ **187**	イワタバコ **99**	ウツボグサ **202**	エリンジウム・プラヌム **176**

青色・紫色 春・夏

青色・紫色 夏

6〜8 クリーピングタイム 176	6〜8 コンフリー 137	6〜8 セイヨウニンジンボク 202	6〜8 チコリー 163
6〜8 ホテイアオイ 144	6〜8 ルリタマアザミ 177	6〜9 アスター 163	6〜9 アーティチョーク 171
6〜9 サルピグロッシス 124		6〜9 エキナセア 164	6〜9 キキョウ 100
		6〜9 ストケシア 164	6〜9 ツユクサ 144
6〜9 ヒソップ 203	6〜9 ホウセンカ 144	6〜9 ムラサキツユクサ 80	6〜9 ヤマハギ 144

42

6〜9	6〜10	6〜10	6〜10
ユウギリソウ 209	エキザカム 100	オイランソウ 101	グラジオラス 203
6〜10	6〜10	6〜10	
クレオメ 144	サルビア'インディゴスパイア' 203	ブッドレア 204	
6〜10	6〜10		
サンジャクバーベナ 188	センニチコウ 152		
6〜11	6〜11	6〜11	7〜8
サルビア・グアラニティカ 204	ツルハナナス 101	ユウゼンギク 165	カンパヌラ・ラクティフロラ 101
7〜8	7〜9	7〜9	7〜9
クガイソウ 204	アサガオ 125	クズ 204	コマツナギ 205

青色・紫色 夏

青色・紫色 夏・秋

7～9 マルバアサガオ 125	7～9 ミソハギ 205	7～9 リアトリス 205	7～10 ゲンノショウコ 103
7～11 コスモス 167	8～9 サワギキョウ 145	8～9 ミヤギノハギ 146	8～9 ムラサキルーシャン 171
8～9 ヤブラン 206	8～10 ダンギク 190	8～10 トリカブト 153	8～10 ルリヤナギ 103

8～11 シコンノボタン 104

8～11 ノコンギク 167

8～11 リンドウ 127

9～10 クジャクアスター 167

9～10 シオン 168

9〜10	9〜10	9〜11	9〜12
タイワンホトトギス 110	ホトトギス 110	シュウメイギク 117	サルビア・レウカンサ 207

10〜2	10〜4	10〜5
カトレア 146	ハツコイソウ 146	

10〜11	10〜12	
サフラン 127	サザンカ 104	パンジー＆ビオラ 147

11〜12	11〜3	11〜4	11〜4
コダチダリア 169	エピデンドルム 191	ストック 207	プリムラ・マラコイデス 104

12〜3	12〜3	12〜5	12〜5
プリムラ・オブコニカ 105	プリムラ・ポリアンサ 105	サイネリア 170	ハーデンベルギア 207

青色・紫色 秋・冬

45

橙色の花カタログ
Orange

明るいオレンジは南国の陽光の色。
なんだか心が落ちこんだとき、
頑張れと励まし奮い立たせてくれます。
元気あふれるオレンジの花を紹介します。

橙色 春

2〜4 カラテア'クロカータ' 148	 2〜5 アイスランドポピー 81
  2〜5 カルセオラリア 148	  2〜5 キンセンカ 156
 3〜4 クンシラン 106	 3〜4 バーベナ 87	 3〜4 ヒアシンス 192	 3〜4 フリージア 118
 3〜4 ブルビネラ 193	 3〜5 チューリップ 130	 3〜5 ハナビシソウ 82	 3〜5 ディモルフォセカ 157
 3〜5 ネメシア 139	 3〜6 オステオスペルマム 157	 3〜11 ゼラニウム 179	 4 クルメツツジ 119

4〜5	4〜5	4〜5	4〜5
スパラキシス 107	ビグノニア 132	ラナンキュラス 114	リビングストンデージー 159
4〜6	4〜6・10〜11	4〜6	4〜6・9〜11
アルストロメリア 140	ガーベラ 160	マツバギク 159	カーネーション 114
4〜7・9〜10	4〜7		4〜10
キンギョソウ 141	ナスタチウム 92		ガザニア 160
4〜10			4〜11
ストレリチア 149			アブチロン 92
4〜11	4〜11	5	5
キダチベゴニア 181	キュウコンベゴニア 114	ジャーマンアイリス 173	ボタン 114

橙色 春

橙色 春

| 5〜6 アマリリス 121 | 5〜6 オリエンタルポピー 108 | 5〜6 ヤマツツジ 121 |

5〜6 サツキ 121
5〜6 ラッセルルピナス 197

5〜6 レンゲツツジ 122
5〜7 クロコスミア 198
5〜8 エスキナンサス 135
5〜8 サンタンカ 183

5〜9 ヘメロカリス 122
5〜10 アンスリウム 150
5〜10 インパチエンス 143
5〜10 クロサンドラ 143

5〜10 ケイトウ（ウモウゲイトウ）199
5〜10 ケイトウ（トサカゲイトウ）199
5〜10 ニューギニアインパチエンス 144
5〜10 ハイビスカス 97

48

5～11		
	5～10 ブーゲンビレア 151	5～11 アフリカンマリーゴールド 163
	5～11 キバナコスモス 162	5～11 ジニア・リネアリス 162
フレンチマリーゴールド 162		

5～11 ダリア 162	5～11 トリトマ 200	5～11 ランタナ 185	6 ザクロ 136
6 ベニバナ 171	6～7 ハイブリッドカラー 151	6～8 グロリオサ 109	6～8 スカシユリ 109
6～8 リクニス×ハーゲアナ 99	6～8 ハナザクロ 115	6～9 ホウセンカ 144	6～10 グラジオラス 203

橙色 春夏

49

橙色 夏

6〜9	6〜10	6〜10	6〜10
アキレア 188	センニチコウ（キバナセンニチコウ）152	ジニア・エレガンス 164	ポーチュラカ 101

6〜10	6〜11	7〜8	7〜8
ルドベキア・ヒルタ 165	カンナ 145	オニユリ 109	ヤブカンゾウ 117

7〜8	7〜8	7〜9
ノカンゾウ 110	ヒオウギ 110	ノウゼンカズラ 125

7〜9	7〜9
チトニア 166	ヘレニウム 166

7〜10	8〜9	8〜12	9〜10
ヒマワリ 166	キツネノカミソリ 126	オンシジウム 146	キンモクセイ 191

9〜11	10〜12	10〜2	10〜4
ネリネ **190**	キク **169**	カトレア **146**	ハツコイソウ **146**

10〜5	11〜1	11〜3	11〜3
ウォールフラワー **85**	シャコバサボテン **147**	エピデンドルム **191**	シンビジウム **147**

10〜5

11〜3	11〜4
ポインセチア **153**	エラチオールベゴニア **117**

橙色 秋冬

11〜4	12〜3
カランコエ **191**	キルタンサス **127**

パンジー&ビオラ **147**

12〜3	12〜3	12〜4	12〜5
プリムラ・オブコニカ **105**	プリムラ・ジュリアン **105**	ベニジウム **170**	サイネリア **170**

51

黄色の花カタログ

Yellow

黄色は柔らかで優しい色。
人目を引く強さはありませんが、
温かく幸せなイメージです。
心のなごむ黄色い花を紹介します。

黄色 春

1〜12 バンダ 138	1〜3 コチョウラン 138
2〜3 サンシュユ 174	2〜3 マンサク 154
2〜4 ウンナンオウバイ 112	2〜4 オウバイ 118	2〜4 スイセン 111	2〜4 デンドロビウム 138
2〜4 フクジュソウ 112	2〜5 アイスランドポピー 81	2〜5 カルセオラリア 148	2〜5 キンセンカ 156
2〜4 クロッカス 118	3 ギンヨウアカシア 178	3〜4 カロライナジャスミン 118	3〜4 キブシ 192

3～4		
	トサミズキ 129	ヒアシンス 192
	ヒイラギナンテン 129	ヒュウガミズキ 129
チョウセンレンギョウ 82		

3～4	3～4	3～4	3～4
フリージア 118	ブルビネラ 193	ミツマタ 178	レンギョウ 81
3～4	3～5	3～5	3～5
スイセン ブルボコジウム 118	クリサンセマム・ムルチコーレ 157	チューリップ 130	ディモルフォセカ 157
3～5	3～5	3～5	3～5
ナノハナ 82	ネメシア 139	ハナビシソウ 82	ヒメキンギョソウ 193

黄色 春

3～6		3～5	3～6
オステオスペルマム **157**		ペーパーデージー **157**	カンガルーポー **130**
		3～6	3～9
		マーガレット **158**	セイヨウタンポポ **156**

4	4～5	4～5	4～5
チューリップ・クルシアナ クリサンサ **107**	イエローサルタン **158**	イキシア **193**	キエビネ **140**

4～5	4～5	4～5	4～5
キショウブ **172**	シュンギク **158**	スターチス **179**	センダイハギ **194**

4～5	4～5	4～5	4～5
ダッチアイリス **173**	メキシコマンネングサ **180**	モッコウバラ **114**	ヤマブキ **88**

黄色 春

4〜5	4〜5	4〜6
ヤマブキ（ヤエヤマブキ）88	ラナンキュラス 114	ミムラス 141

4〜6	4〜6・10〜11
アルストロメリア 140	ガーベラ 160

4〜6	4〜6	4〜6	4〜6・9〜11
キバナルピナス 195	ジシバリ 159	リシマキア・ヌンムラリア 92	カーネーション 114

4〜7・9〜10	4〜7	4〜10	4〜10
キンギョソウ 141	ナスタチウム 92	ガザニア 160	ストレリチア 149

4〜11	4〜11	5	5
アブチロン 92	キュウコンベゴニア 114	エニシダ 142	ジャーマンアイリス 173

黄色 春

5	5〜6	5〜6	5〜6
ボタン 114	アクイレギア 93	アリウム・モリー 181	カラタネオガタマ 108
5〜6	5〜6	5〜6	5〜6
キソケイ 121	キングサリ 196	シロタエギク 182	ハナワギク 160
5〜6	5〜6	5〜6	5〜7
ヒメエニシダ 197	マトリカリア 161	ラッセルルピナス 197	キバナカイウ 149

黄色 春

5〜7

オオキンケイギク 161

5〜7	5〜7
キュウリ 95	クロコスミア 198
5〜7	5〜7
サンダーソニア 134	ジギタリス 135

5〜7	5〜9	5〜10
トロリウス 116	アスクレピアス 184	グズマニア 150

5〜9	5〜10
ヘメロカリス 122	クロサンドラ 143

5〜10	5〜10	5〜10	5〜10
アラマンダ 122	ケイトウ（ウモウゲイトウ）199	ダールベルグデージー 161	ハイビスカス 97

5〜10	5〜10	5〜10	5〜11
パキスタキス'ルテア' 150	メランポジウム 161	アフリカンマリーゴールド 163	キバナコスモス 162

5〜11	5〜11	5〜11	5〜11
サンビタリア 162	ジニア・リネアリス 162	ダリア 162	ベロペロネ 150

黄色 春

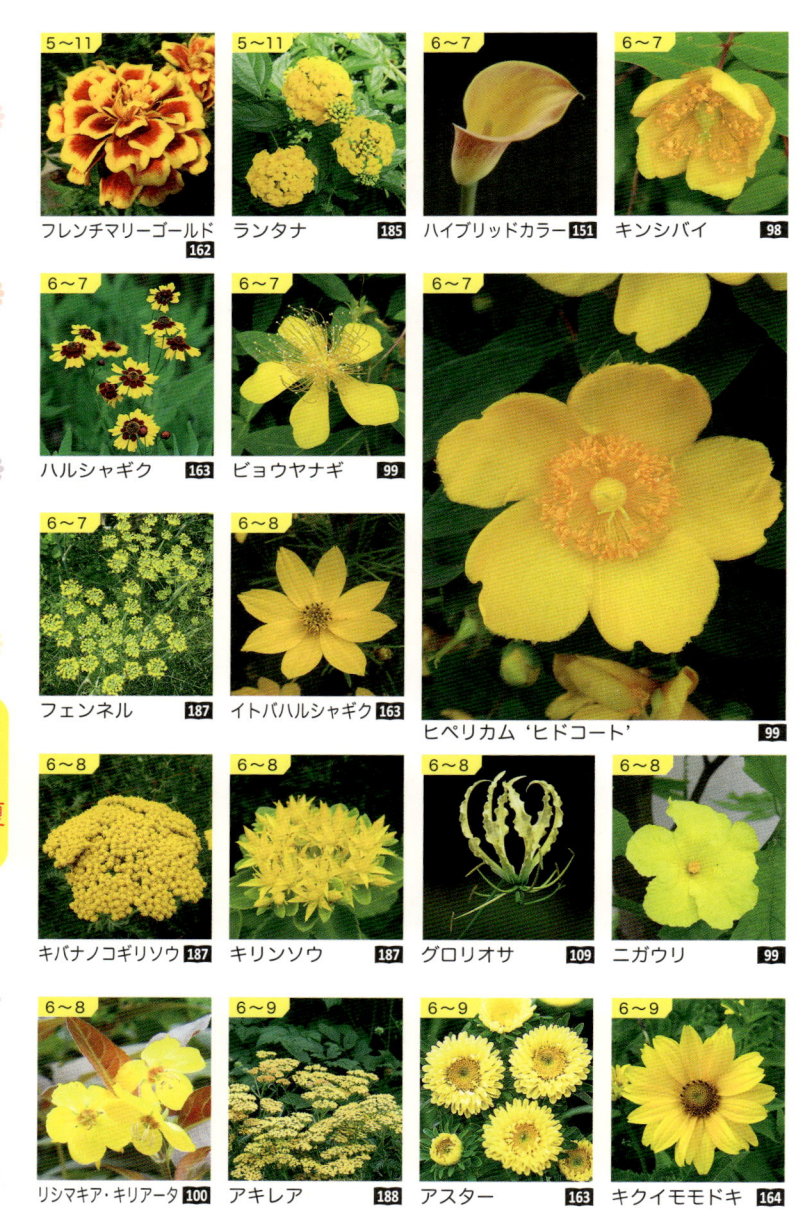

5〜11	5〜11	6〜7	6〜7
フレンチマリーゴールド 162	ランタナ 185	ハイブリッドカラー 151	キンシバイ 98

6〜7	6〜7	6〜7
ハルシャギク 163	ビョウヤナギ 99	ヒペリカム'ヒドコート' 99

6〜7	6〜8
フェンネル 187	イトバハルシャギク 163

6〜8	6〜8	6〜8	6〜8
キバナノコギリソウ 187	キリンソウ 187	グロリオサ 109	ニガウリ 99

6〜8	6〜9	6〜9	6〜9
リシマキア・キリアータ 100	アキレア 188	アスター 163	キクイモモドキ 164

黄色 春・夏

6〜9	6〜9	6〜9	6〜10
クラスペディア 177	サルピグロッシス 124	マツバボタン 116	キントラノオ 100

6〜10	6〜10	6〜10
	ジニア・エレガンス 164	ポーチュラカ 101
	6〜10	6〜11
グラジオラス 203	ルドベキア・ヒルタ 165	エンゼルストランペット 125

黄色 夏

7〜8	7〜8	7〜9	7〜9
アフェランドラ'ダニア' 152	ガイラルディア 165	オオハンゴンソウ 166	オオマツヨイグサ 125

7〜9	7〜9	7〜9	7〜9
コヒマワリ 166	ソリダスター 210	タンジー 189	トロロアオイ 102

59

黄色 夏・秋

7〜9 ヘレニウム 166	7〜10 ヒマワリ 166	7〜10 ヒマワリ 166
7〜10 オクラ 102	7〜10 ルドベキア 'タカオ' 167	

7〜11 コスモス 167	8〜9 ビロードモウズイカ 206	8〜9 オミナエシ 189	8〜9 シロタエヒマワリ 167
8〜12 オンシジウム 146	9〜5 マーガレットコスモス 168	10〜2 カトレア 146	10〜4 ハツコイソウ 146
10〜5 ウォールフラワー 85	10〜5 パンジー&ビオラ 147	10〜11 イソギク 191	10〜11 ウインターコスモス 168

60

10〜11	10〜11	10〜11	10〜12
セイタカアワダチソウ 207	ツワブキ 168	ヤナギバヒマワリ 169	キク（オオギク）169

10〜12	11〜3	11〜3	11〜3
キク（スプレーギク）169	エピデンドルム 191	シンビジウム 147	ポインセチア 153

11〜5

ユーリオプスデージー 170

11〜4	11〜4
エラチオールベゴニア 117	カランコエ 191

11〜4	12〜2
カレンデュラ '冬知らず' 170	ロウバイ 128

黄色
秋・冬

12〜2	12〜3	12〜3	12〜5
ロウバイ（ソシンロウバイ）128	プリムラ・ジュリアン 105	プリムラ・ポリアンサ 105	ユーリオプス 'ゴールデンクラッカー' 210

白色の花カタログ

White

白は何もない純粋な色。始まりの色。
清らかで希望と期待に満ちあふれ、
人それぞれの物語を紡ぎ出します。
さまざまな表情の白い花を紹介します。

1～3 ウメ 105	 1～3 コチョウラン 138
 1～12 プルメリア 86	  2～3 シキミ 154

2～3 ジンチョウゲ 81	 2～3 スノードロップ 80	 2～4 クリスマスローズ 87	 2～4 スイセン 111
 2～4 デンドロビウム 138	 2～4 デンファレ 138	 2～4 ボケ 87	 2～5 アイスランドポピー 81
 3～4 アセビ 128	 3～4 クレマチス・アーマンディー 82	 3～4 コブシ 106	  3～4 シデコブシ 154

白色　春

3〜4 ハクモクレン 129	3〜4 バーベナ 87	3〜4 ヒアシンス 192	3〜4 フッキソウ 192
3〜4 フリージア 118	3〜4 ムスカリ 193	3〜4 ユキヤナギ 88	3〜5 イベリス・センペルビレンス 178
3〜5 チューリップ 130	3〜5 ヒメキンギョソウ 193	3〜6 オステオスペルマム 157	3〜6 テッポウユリ 119
3〜6 ハナカンザシ 157	3〜6 オドリコソウ 178	3〜6 マーガレット 158	
3〜7 イチゴ 88	3〜11 フランネルフラワー 112		

白色 春

4 ジューンベリー 89	4 ドウダンツツジ 130	4 ニオイイリス 172
4 ニワザクラ	4〜5 ブルーベリー 131	
4 ユスラウメ 89	4〜5 アマドコロ 131	4〜5 アメリカイワナンテン 194	4〜5 エンドウ 139
4〜5 オオアマナ 107	4〜5 クレマチス・モンタナ 83	4〜5 コデマリ 179	4〜5 シラユキゲシ 83
4〜5 シロヤマブキ 83	4〜5 スノーフレーク 131	4〜5 ダイコン 83	4〜5 ティアレラ 194

白色 春

4〜5	4〜5	4〜5	4〜5
ドイツスズラン 132	トキワマンサク 155	ナニワイバラ 90	ニリンソウ 90
ハゴロモジャスミン 90	ハナミズキ 84	ハンカチツリー 148	フジ 194
ホウチャクソウ 132	プリムラ・デンティクラータ 174 (3〜4)	ムベ 132	ヤマボウシ 84

4〜6	4〜5	4〜5
オルレア 180	ライスフラワー 180	ラグラス 195
	リキュウバイ 91 (4〜5)	ガーベラ 160 (4〜6・10〜11)

白色 春

4〜6	4〜6	4〜6	4〜6
ジャーマンカモミール 159	スイートピー 140	セラスチウム 91	デルフィニウム 195
4〜6	4〜6	4〜6	4〜6・9〜11
マツバギク 159	ラークスパー 195	ロベリア・エリヌス 141	カーネーション 114
4〜7・9〜10	4〜9		4〜10
キンギョソウ 141			ガザニア 160
4〜10			4〜10
クレマチス 111	マダガスカルジャスミン 120		ディアスシア 141
4〜10	4〜10	4〜10	4〜11
トレニア 142	ベゴニア・センパフローレンス 141	ユーフォルビア'ダイアモンドフロスト' 208	ヒメツルソバ 175

白色 春

4〜11	5	5
ペチュニア 120		アヤメ 173
5		5
キウイフルーツ 93	アノマテカ 108	シャリンバイ 181

5	5	5	5
トチノキ 196	ヒトツバタゴ 155	ピラカンサ 93	ボタン 114
5〜6	5〜6	5〜6	5〜6
アクイレギア 93	アグロステンマ 93	アマリリス 121	インカルビレア 122
5〜6	5〜6	5〜6	5〜6
ウンシュウミカン 203	エゴノキ 94	オオデマリ 175	オランダカイウ 149

白色 春

5〜6	5〜6	5〜6	5〜6
オリーブ 181	カルミア 175	ゲットウ 134	サツキ 121
シャスタデージー 160	スモークツリー 208	テイカカズラ 94	
タイサンボク 115	ナルコユリ 134		
ナンテン 208	ニセアカシア 197	ノイバラ 94	バイカウツギ 84
ハナワギク 160	ヒメウツギ 95	ヒューケラ 197	ブバルディア 183

白色 春

5〜6 ホオノキ 115	5〜6 マトリカリア 161	5〜6 ヤブデマリ 183	5〜6 ユキノシタ 142
5〜7 ウツギ 185	5〜6 ローダンセマム 160	5〜7 カスミソウ 209	
	5〜7 コバノズイナ 198	5〜7 スイカズラ 150	
5〜7 ニンジン 183	5〜7 ハクチョウゲ 95	5〜7 ホタルブクロ 135	5〜7 ボリジ 95
5〜7 リクニス・フロス-ククリ 155	5〜8 シロツメクサ 176	5〜8 フウリンソウ 135	5〜8 ニーレンベルギア 96

白色 春

5〜9		
	5〜8 ペンステモン 'ハスカーズレッド' 136	5〜9 トケイソウ 116
ホワイトレースフラワー 184	5〜10 アンゲロニア 143	5〜10 インパチエンス 143

5〜10 ニチニチソウ 97	5〜10 ハイビスカス 97	5〜10 ヒメイワダレソウ 184	5〜10 ブーゲンビレア 151
5〜10 ルリマツリ 185	5〜11 ダリア 162	5〜11 ペンタス 184	5〜11 ランタナ 185
5〜11 アゲラタム 171	6 ギンバイカ 98	6 フェイジョア 85	6〜7 アガパンサス 176

白色 春・夏

6〜7		
	オカトラノオ 201	カシワバアジサイ 201
	クチナシ 109	シュッコンカスミソウ 209

アメリカアジサイ'アナベル' 177

6〜7	6〜7	6〜7	6〜7
ガクアジサイ 186	タチアオイ 98	ドクダミ 85	ナツツバキ 98
パイナップルリリー 201	ヒメシャラ 99	ヤマアジサイ 187	ヤマユリ 108
6〜8	6〜8	6〜8	6〜8
アカンサス 202	イトラン 136	セントランサス 187	ニワナナカマド 209

白色 夏

6〜8 ハンゲショウ 151	6〜8 モナルダ 188	6〜8 リョウブ 202	6〜8 ルリタマアザミ 177
6〜9 アキレア 188	6〜9 アスター 163		6〜9 インドハマユウ 124
6〜9 コンロンカ 152			6〜9 スイレン 116
6〜9 スパティフィルム 152	6〜9 バジル 203	6〜9 ハマユウ 155	6〜9 ホウセンカ 144
6〜9 マツバボタン 115	6〜9 ヨウシュヤマゴボウ 203	6〜10 アベリア 124	6〜10 オイランソウ 101

白色 夏

6〜10	6〜10	6〜10	6〜11
ゲッカビジン 116	ジニア・エレガンス 164	センニチコウ 152	エンゼルストランペット 125

6〜11	6〜10	6〜11
ガウラ 145		カラミンサ 209
6〜11		7
ツルハナナス 101	クレオメ 144	ガルトニア 137

7〜8	7〜8	7〜8	7〜9
サギソウ 145	タケニグサ 210	ノリウツギ 188	キカラスウリ 155
7〜9	7〜9	7〜9	7〜9
キョウチクトウ 102	クサギ 102	サルスベリ 210	ノシラン 205

白色 夏

7〜10	7〜10	7〜10	7〜11
ソバ 189	ムクゲ 103	ユーパトリウム・ルゴサム 189	コスモス 167
7〜10	8	8〜9	
ソケイ 103	タカサゴユリ 126	ウコン 153	
8〜9	8〜9		
センニンソウ 85	ヘクソカズラ 137		
8〜9	8〜9	8〜10	8〜10
ヤブミョウガ 206	ヨルガオ 126	ジンジャー 146	タマスダレ 110
8〜10	8〜10	9〜10	9〜11
ニラ 190	フヨウ 103	クジャクアスター 167	シュウメイギク 117

白色 夏・秋

9〜11	9〜11	9〜11	10〜2
ダイモンジソウ 146	ネリネ 190	ハマギク 168	カトレア 146

10〜5	10〜7	10〜11	10〜12
パンジー＆ビオラ 147	アークトチス ハーレクイングレープ 169	チャノキ 104	キク（オオギク） 169

11〜3	11〜12	11〜2
	ヤツデ 177	ユーチャリス 127
	11〜3	11〜4
	シンビジウム 147	ツバキ 104
エピデンドルム 191		

11〜4	11〜5	11〜5	12〜4
プリムラ・マラコイデス 104	クリサンセマム・パルドーサム 170	デージー 170	ニホンズイセン 111

白色 秋・冬

その他の色の花カタログ

Other Colors

花色として異質な緑や黒や茶色。
異質であるからこそ存在感は抜群で、
一株入れば全体の雰囲気が一変します。
その他の色の花を紹介します。

2〜4 クリスマスローズ 87	 2〜4 クリスマスローズ 87
 2〜5 スカビオサ 156	  3〜4 シュンラン 139
 3〜5 チューリップ 130	 3〜5 チューリップ 130	 3〜5 バイモ 129	 3〜5 セイヨウバイモ 130
 3〜5 ペラルゴニウム 178	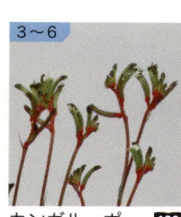 3〜6 カンガルーポー 130	 3〜6 テッポウユリ（グリーンリリー）119	  4 アケビ 80
 4〜5 エビネ 139	 4〜5 クロユリ 131	 4〜5 サトザクラ 113	 4〜5 ビジョナデシコ 180

その他 春

4〜5	4〜5	4〜6	4〜6・9〜11
ネモフィラ 90	ユーフォルビア・ウルフェニー 179	ヤグルマギク 159	カーネーション 114
4〜10	4〜10		5〜6
ペチュニア 120	ペチュニア 120		アマリリス 121
5〜6			5〜6
アルケミラ・モリス 181			オランダカイウ（グリーンカラー）149
5〜6	5〜6	5〜7	5〜9
クロバナロウバイ 115	ユリノキ 108	コバンソウ 149	ヘメロカリス 122
5〜10	5〜10	5〜11	5〜11
アンスリウム 150	ニコチアナ 123	ダリア 162	ベロペロネ 150

その他 春

6〜7	6〜7	6〜7	6〜9
ガマ 201	タチアオイ 98	ハイブリッドカラー 151	サルピグロッシス 124
6〜9	6〜10	6〜10	6〜10
チョコレートコスモス 164	グラジオラス 203	ジニア・エレガンス 164	ワレモコウ 152
7〜8	7〜10	10〜2	10〜5
チーゼル 153	ヒマワリ 166	カトレア 146	パンジー&ビオラ 147
10〜12	12〜3		10〜12
キク（オオギク）169	プリムラ・ジュリアン 105		キク（スプレーギク）169
11〜3			12〜6
シンビジウム 147			パフィオペディルム 147

その他 夏〜冬

パート 2
花形とつき方で見わける

花形で見わける
放射状にひらく花 3弁

セトクレアセア
Tradescantia pallida
ムラサキゴテン（紫御殿）
ツユクサ科　半耐寒性宿根草
原産地 メキシコ
花　色
花 径 2cm　草 丈 10～15cm
開花期 1～12月
特　徴 葉も茎も赤紫色で地面を這いながら広がる。日向と水はけのよい土を好む。

スノードロップ
Galanthus spp
マツユキソウ（待雪草）
ヒガンバナ科　耐寒性球根
原産地 ヨーロッパ、ロシア南部
花　色
花 径 2～3cm　草 丈 10～20cm
開花期 2～3月
特　徴 北国では雪どけの頃、暖地では立春の頃に開花する。日当たりのよい木陰が適地。

アケビ（木通）
Akebia quinata

アケビ科　耐寒性落葉つる性木本
原産地 日本
花　色
花 径 2cm　つるの長さ 5m～
開花期 4月
特　徴 雌雄異株。つるをフェンスに這わせたり鉢植えに利用される。実は秋に熟し美味。

チリアヤメ
Herbertia amoena
ヘルベルティア

アヤメ科　半耐寒性球根
原産地 チリ、アルゼンチン
花　色
花 径 3cm　草 丈 5～10cm
開花期 5～6月
特　徴 一日花を次々に咲かせる。やや寒さに弱いが暖地では地植えで越冬する。

ムラサキツユクサ（紫露草）
Tradescantia ohiensis

ツユクサ科　耐寒性宿根草
原産地 北アメリカ
花　色
花 径 2cm　草 丈 30～90cm
開花期 6～9月
特　徴 一日花だがつぼみがたくさんついて長期間にわたり次々に咲く。手入れは不要。

花形で見わける
放射状に ひらく花 4弁

ジンチョウゲ（沈丁花）
Daphne odora

ジンチョウゲ科　耐寒性常緑低木
原産地 中国
花　色 ○
花　径 2cm　**樹　高** 1〜1.5m
開花期 2〜3月
特　徴 甘い香りを放つ早春の庭木の代表的存在。花色は白だが花弁の外側は紫色。

ボロニア・ピンナータ
Boronia pinnata

ミカン科　非耐寒性常緑低木
原産地 オーストラリア
花　色 ●
花　径 2cm　**樹　高** 20〜80cm
開花期 2〜4月
特　徴 カンキツ系の芳香花。別種につぼ形花のヘテロフィラもある。寒さに弱い。

アイスランドポピー
Papaver nudicaule
シベリアヒナゲシ

ケシ科　耐寒性1年草
原産地 北極周辺
花　色 ❀❀❀❀○
花　径 5〜8cm　**草丈** 30〜50cm
開花期 3〜5月
特　徴 全草に微毛がある。つぼみは下向きで開花につれ上を向く。日向を好む。

オオイヌノフグリ（大犬の陰嚢）
Veronica persica

ゴマノハグサ科　耐寒性2年草
原産地 ヨーロッパ
花　色 ❀
花　径 1cm　**草　丈** 10〜20cm
開花期 3〜4月
特　徴 明治初期に渡来し、全国の畑や道ばたに帰化し繁茂する。名は実の形による。

レンギョウ（連翹）
Forsythia suspensa

モクセイ科　耐寒性落葉低木
原産地 中国
花　色 ❀
花　径 2〜3cm　**樹　高** 2〜3m
開花期 3〜4月
特　徴 枝はややまばらにつき、地面につくと根をおろす。花弁は丸みがある。

花形で見わける・放射状にひらく花4弁　春

花形で見わける｜放射状にひらく花4弁　春

クレマチス・アーマンディー
Clematis armandii

キンポウゲ科　半耐寒性つる性宿根草
原産地 中国
花　色 ✿
花径 3〜5cm **つるの長さ** 5m〜
開花期 3〜4月
特　徴 常緑で生育は旺盛。花には芳香があり、基本は4弁だが5弁や6弁もある。

チョウセンレンギョウ（朝鮮連翹）
Forsythia koreana

モクセイ科　耐寒性落葉低木
原産地 朝鮮　**花　色** ✿
花　径 3〜4cm
樹　高 2〜4m
開花期 3〜4月
特　徴 弓なりに伸びた枝がびっしり茂り、葉が出る前に開花。庭や公園に植栽が多い。

開花期は長いので、ソメイヨシノと重なると花見を盛り上げる。

ナノハナ（菜の花）
Brassica rapa var. amplexicaulis
ハナナ（花菜）、ナバナ（菜花）

アブラナ科　耐寒性1年草
原産地 ヨーロッパ
花　色 ✿
花序径 5〜10cm　**草丈** 50〜60cm
開花期 3〜5月
特　徴 観賞用と食用の品種もある。移植ができないので秋にタネを直まきして育てる。

イカリソウ（碇草）
Epimedium grandiflorum var. thunbergianum

メギ科　耐寒性宿根草
原産地 日本
花　色 ✿✿
花径 3〜4cm **草丈** 20〜45cm
開花期 3〜5月
特　徴 花弁の横に突き出た細長い筒（距きょ）があり、花姿が船の碇に似る野草。

ハナビシソウ（花菱草）
Eschscholzia californica
カリフォルニアポピー

ケシ科　耐寒性1年草
原産地 北アメリカ
花　色 ✿✿✿✿
花径 5〜8cm　**草丈** 30〜40cm
開花期 3〜5月
特　徴 乾燥気味の日向を好み移植を嫌う。小型の別種にヒメハナビシソウがある。

ヒナゲシ（雛芥子）
Papaver rhoeas

グビジンソウ（虞美人草）
ケシ科　耐寒性1年草
原産地 ヨーロッパ中部
花　色 🌸🌸🌼
花径 5〜8cm　**草丈** 30〜60cm
開花期 4〜5月
特　徴 花の底に黒い斑紋がある品種が多い。群植すると見事。日向を好み移植を嫌う。

クレマチス・モンタナ
Clematis montana

キンポウゲ科　耐寒性つる性宿根草
原産地 ヒマラヤ
花　色 🌸🌼
花径 6〜8cm　**つるの長さ** 5m〜
開花期 4〜5月
特　徴 早咲きで花つきがよく生育旺盛。品種が多く芳香花や八重咲きもある。

シラユキゲシ（白雪芥子）
Eomecon chionantha

ケシ科　耐寒性宿根草
原産地 中国東部
花　色 🌼
花径 3cm　**草丈** 20〜30cm
開花期 4〜5月
特　徴 葉はふちが波打ったハート形で美しい。地下茎を伸ばしてよく殖える。

シロヤマブキ（白山吹）
Rhodotypos scandens

バラ科　耐寒性落葉低木
原産地 日本、朝鮮、中国
花　色 🌼
花径 3cm　**樹高** 1〜2m
開花期 4〜5月
特　徴 よく似たヤマブキは5弁で枝垂れるが、こちらは4弁で枝は直立する。

ダイコン（大根）
Raphanus sativus

スズシロ（清白）
アブラナ科　耐寒性越年草
原産地 地中海沿岸といわれる
花　色 🌼
花径 2〜3cm　**草丈** 30〜70cm
開花期 4〜5月
特　徴 弥生時代に渡来し野菜として栽培。ハマダイコンは野生化したもの。

バージニアストック
Malcolmia maritima

アブラナ科　耐寒性1年草
原産地 地中海沿岸
花　色 🌼（🌸🌸）
花径 1cm　**草丈** 20〜40cm
開花期 4〜5月
特　徴 花には甘い香りがあり、色が白からピンクや紫に変化する。

花形で見わける✝放射状にひらく花4弁　春

花形で見わける♣放射状にひらく花4弁 春

ベロニカ'オックスフォードブルー'
Veronica peduncularis'Oxford Blue'

ゴマノハグサ科　耐寒性宿根草
原産地 トルコ、コーカサス
花 色 ✿
花 径 1 cm　草 丈 10〜20cm
開花期 4〜5月
特 徴 冬に葉がブロンズ色となりグラウンドカバーに利用される。

ハナミズキ（花水木）
Cornus florida

ミズキ科　耐寒性落葉高木
原産地 北アメリカ
花 色 ✿✿✿
花 径 5〜10cm
樹 高 4〜7m
開花期 4〜5月
特 徴 花弁のように見えるのは総苞片で、花はその中心に小さくつく。

大正時代にワシントンに送った桜の返礼として渡来した日米親睦の象徴のハナミズキ。

ムラサキハナナ（紫花菜）
Orychophragmus violaceus
オオアラセイトウ、ハナダイコン

アブラナ科　耐寒性1年草
原産地 中国
花 色 ✿
花 径 3 cm　草 丈 40〜60 cm
開花期 4〜5月
特 徴 諸葛孔明にちなんでショカツサイとも。日本全国に野生化する野草。

ヤマボウシ（山法師）
Cornus kousa
ヤマグワ（山桑）

ミズキ科　耐寒性落葉高木
原産地 日本、朝鮮、中国
花 色 ✿✿
花径 5〜10cm　樹高 3〜8m
開花期 4〜5月
特 徴 ハナミズキ同様に苞が美しい。実は赤く熟し食べると甘い。

バイカウツギ（梅花空木）
Philadelphus satsumi
サツマウツギ（薩摩空木）

ユキノシタ科　耐寒性落葉低木
原産地 日本
花 色 ✿
花径 2〜3cm　樹高 1〜2 m
開花期 5〜6月
特 徴 花の大きな西洋種もよく植えられていて八重咲き品種もある。

ヒルザキツキミソウ (昼咲き月見草)
Oenothera speciosa

アカバナ科　耐寒性宿根草
原産地 北アメリカ南西部
花　色 🌸
花　径 4cm　**草　丈** 20〜40cm
開花期 5〜7月
特　徴 花は日が当たると大きく開く。暖地では野生化している。

ゴデチア
Clarkia amoena

サテンフラワー
アカバナ科　耐寒性1年草
原産地 北アメリカ西部
花　色 🌸🌸🌸🌸
花径 5〜10cm　**草丈** 20〜80cm
開花期 5〜8月
特　徴 一日花だが花つきがよくて次々に咲く。日なたを好み移植を嫌う。

フェイジョア
Acca sellowiana

パイナップルグァバ
フトモモ科　耐寒性常緑低木
原産地 ブラジル南部、パラグアイ
花　色 🌸
花　径 4cm　**樹　高** 2〜4m
開花期 6月
特　徴 亜熱帯果樹だが暖地では垣根に利用。花びらも甘くおいしい。

ドクダミ (蕺草)
Houttuynia cordata

ジュウヤク (十薬)
ドクダミ科　耐寒性宿根草
原産地 日本を含む東アジア
花　色 🌸
花径 2〜3cm　**草丈** 15〜30cm
開花期 6〜7月
特　徴 民間薬として利用される。八重咲きや斑入り葉品種もある。

センニンソウ (仙人草)
Clematis terniflora

キンポウゲ科　耐寒性つる性宿根草
原産地 日本、朝鮮南部、中国
花　色 🌸
花径 2〜3cm　**つるの長さ** 5m〜
開花期 8〜9月
特　徴 原種のクレマチスで茎や葉には毒を含むが漢方薬に利用される。

ウォールフラワー
Erysimum cheiri

ニオイアラセイトウ (匂紫羅欄花)
アブラナ科　耐寒性宿根草(1年草)
原産地 南ヨーロッパ
花　色 🌸🌸🌸🌸
花　径 3cm　**草　丈** 20〜50cm
開花期 10〜5月
特　徴 花には芳香があり暖地では秋から春まで長く咲き続ける。

花形で見わける † 放射状にひらく花4弁　春〜冬

花形で見わける
放射状にひらく花 5弁・5裂

セントポーリア
Saintpaulia ionantha
アフリカスミレ
イワタバコ科　非耐寒性多年草
原産地 タンザニア北部、ケニア南部
花　色 🌸🌸🌸🌼
花径 1～3cm　**草丈** 5～15cm
開花期 1～12月
特　徴 15～27℃で周年開花する室内鉢花。多数の品種があり葉挿しで殖える。

ツルニチニチソウ（蔓日日草）
Vinca major
ビンカ、ツルギキョウ
キョウチクトウ科　耐寒性つる性宿根草
原産地 地中海沿岸
花　色 🌸🌼
花径 3～4cm　**つるの長さ** 1～2m
開花期 1～12月
特　徴 つるが伸びるのでグラウンドカバーや吊り鉢に利用。斑入り葉品種が人気。

プルメリア
Plumeria alba
シロバナインドソケイ
キョウチクトウ科　非耐寒性落葉小高木
原産地 プエルトリコ、アンチル諸島
花　色 🌼
花径 6cm　**樹高** 4～6m
開花期 1～12月
特　徴 赤や桃色花のほか大輪品種もあり、ハワイのレイの材料にされる。

ウンナンサクラソウ（雲南桜草）
Primula filchnerae
サクラソウ科
半耐寒性宿根草（1年草）
原産地 中国南西部
花　色 🌸
花径 2～3cm　**草丈** 30～40cm
開花期 2～4月
特　徴 暑さに弱く日本の夏越しは難しい。1年草扱いされる。日向を好み過湿を嫌う。

セイヨウクモマグサ（西洋雲間草）
Saxifraga rosacea
ヨウシュクモマグサ
ユキノシタ科　耐寒性宿根草
原産地 北ヨーロッパ
花　色 🌸🌸🌼
花径 2cm　**草丈** 10～20cm
開花期 2～4月
特　徴 鉢植えやロックガーデンに利用。日向と水はけよい土を好み高温多湿を嫌う。

花形で見わける ◆ 放射状にひらく花 5 弁 5 裂 春

クリスマスローズ
Helleborus × hybridus
ヘレボルス
キンポウゲ科　耐寒性宿根草
原産地 交配種
花　色 🌸🌺🌼🌷✿❀✾
花　径 2〜8cm
草　丈 30〜60cm
開花期 2〜4月
特　徴 オリエンタリス種を中心に改良され多数の品種がある。ほかに原種も多い。

模様入りのシングル・ホワイト・ブロッチと八重咲きのダブル・グレー。

ボケ（木瓜）
Chaenomeles speciosa
カラボケ、ヒボケ
バラ科　耐寒性落葉低木
原産地 中国
花　色 🌸🌺🌼✿
花　径 2〜4cm　樹高 1〜2m
開花期 2〜4月
特　徴 枝にはするどい刺が多い。多数の品種があり八重咲きもある。庭木、盆栽に利用する。

アンズ（杏）
Prunus armeniaca
アプリコット、カラモモ
バラ科　耐寒性落葉低木
原産地 中国
花　色 🌸✿
花径 2〜3cm　樹高 2〜3m
開花期 3〜4月
特　徴 花はサクラよりやや早い。実は6月に黄色く熟しジャムや乾果食品にされる。

シバザクラ（芝桜）
Phlox subulata
モスフロックス
ハナシノブ科　耐寒性宿根草
原産地 北アメリカ東部
花　色 🌸🌺🌼❀✿
花径 1〜2cm　草丈 5〜10cm
開花期 3〜4月
特　徴 シバのように這い広がって春に地面を花で覆いつくす。花の観光名所が多くある。

バーベナ
Verbena × hybrida
ビジョザクラ　美女桜
クマツヅラ科　半耐寒性1年草
原産地 交配種
花　色 🌸🌺❀🌼✿❀
花　径 2cm　草　丈 15〜30cm
開花期 3〜4月
特　徴 複数の原種による交配種群。春タネをまくと6〜9月に開花する。寒さに弱い。

花形で見わける☘放射状にひらく花 5弁5裂 春

ユキヤナギ（雪柳）
Spiraea thunbergii
コゴメバナ（小米花）
バラ科　耐寒性落葉低木
原産地 日本、中国
花 色 🌸❀❀
花 径 1cm　樹 高 1〜2m
開花期 3〜4月
特　徴 サクラより早く細い枝に白花をびっしりと咲かせる。桃色花の品種もある。

ヤマブキ（山吹）
Kerria japonica
オモカゲグサ（面影草）
バラ科　耐寒性落葉低木
原産地 日本、朝鮮、中国
花 色 🌼
花 径 3〜5cm　樹 高 0.5〜1.5m
開花期 4〜5月
特　徴 枝葉弓なりに枝垂れる。基本は5弁花だが八重もあり、ともに庭木に使われる。

ヒマラヤユキノシタ
Bergenia stracheyi
ベルゲニア
ユキノシタ科　耐寒性宿根草
原産地 ヒマラヤ周辺
花 色 🌸❀❀
花 径 2cm　草 丈 15〜25cm
開花期 3〜5月
特　徴 つやのある大きな常緑葉は冬に赤く色づく。古くなると茎が立ち上がる。

イチゴ（苺）
Fragaria × ananassa
オランダイチゴ
ユキノシタ科　耐寒性宿根草
原産地 ヒマラヤ周辺
花 色 🌸❀❀
花 径 2cm　草 丈 15〜25cm
開花期 3〜7月
特　徴 つやのある大きな常緑葉は冬に赤く色づく。古くなると茎が立ち上がる。

シノグロッサム
Cynoglossum amabile
シナワスレナグサ
ムラサキ科　耐寒性1年草
原産地 中国南西部
花 色 🌸❀❀
花 径 0.6cm　草 丈 25〜60cm
開花期 3〜6月
特　徴 花穂を立ち上げてワスレナグサに似た小花を咲かせる。移植を嫌う。

バコパ
Sutera cordata
ステラ、ズーテラ
ゴマノハグサ科　半耐寒性宿根草
原産地 南アフリカ、カナリー諸島
花 色 🌸❀❀
花 径 1〜2cm　草 丈 10〜20cm
開花期 3〜11月
特　徴 高温多湿に弱いので日本では夏に半分ほど刈り込んで休ませるとよい。

花形で見わける ✿ 放射状にひらく花 5弁5裂 春

上にすらっと伸びてかさ張らないので庭木として人気が高い。

ジューンベリー
Amelanchier canadensis
アメリカザイフリボク
バラ科　耐寒性落葉高木
原産地 北アメリカ東部
花　色 ✿
花　径 2cm　樹 高 2～7m
開花期 4月
特　徴 名前のように6月に赤く熟す実は甘いので生食のほかジャムにされる。

カリン（花梨）
Chaenomeles sinensis
バラ科　耐寒性落葉高木
原産地 中国
花　色 ✿
花　径 3cm　樹 高 3～8m
開花期 4月
特　徴 実は熟すと芳香を放つが食用にはならず、果実酒や咳止め薬に利用。

ニワウメ（庭梅）
Prunus japonica
バラ科　耐寒性落葉低木
原産地 中国
花　色 ✿
花　径 1.5cm　樹 高 1～2m
開花期 4月
特　徴 葉を出す前に枝にびっしりと花をつける。夏に赤く熟し食べられる。

ユスラウメ（梅桃）
Prunus tomentosa
バラ科　耐寒性落葉低木
原産地 中国北部
花　色 ✿ ✿
花　径 2cm　樹 高 1～3m
開花期 4月
特　徴 ニワウメに似るが花も実もやや大きい。実は6月に赤く熟し食べられる。

オトメギキョウ（乙女桔梗）
Campanula portenschlagiana
ベルフラワー
キキョウ科　耐寒性宿根草
原産地 クロアチア
花　色 ✿ ✿
花　径 2cm　草 丈 10～15cm
開花期 4～5月
特　徴 花が株を覆うようにびっしりと咲く。鉢植えのほか地植えにも利用が多い。

89

ナニワイバラ（難波茨）
Rosa laviegata

大きな白い花に金色のしべの取り合わせが印象的。

バラ科　耐寒性常緑つる性木本
原産地 中国南部、台湾
花色 ☆
花径 8〜10cm　**つるの長さ** 7m〜
開花期 4〜5月
特徴 名前は江戸時代に大阪の植木屋から広まったことに由来。花は芳香を放つ。

サクラソウ（桜草）
Primula sieboldii

ニホンサクラソウ

サクラソウ科　耐寒性宿根草
原産地 日本、朝鮮、中国東北部
花色 ✿✿☆
花径 2〜4cm　**草丈** 20〜40cm
開花期 4〜5月
特徴 江戸時代に盛んに栽培改良され、今でも300を越える品種が残っている。

ネモフィラ
Nemophla menziesii

ルリカラクサ（瑠璃唐草）

ハゼリソウ科　耐寒性1年草
原産地 カリフォルニア
花色 ✿☆✿
花径 2.5cm　**草丈** 20cm
開花期 4〜5月
特徴 茎が這い広がりグラウンドカバーに最適。別種のマクラータは青斑のある白花。

ニリンソウ（二輪草）
Anemone flaccida

キンポウゲ科　耐寒性宿根草
原産地 日本を含む東アジア
花色 ☆
花径 2〜3cm　**草丈** 20〜30cm
開花期 4〜5月
特徴 茎先に2輪ずつ花をつけるが1輪や3輪のことも。林の縁などに群生する。

ハゴロモジャスミン
Jasminum polyanthum

モクセイ科　半耐寒性常緑つる性木本
原産地 中国西部〜南西部
花色 ☆
花径 2〜3cm　**つるの長さ** 3m〜
開花期 4〜5月
特徴 葉は羽状で茎先がつるになる。つぼみは桃色で咲くと白くなり甘い香りを放つ。

花形で見わける ✿ 放射状にひらく花 5弁5裂 春

リキュウバイ（利休梅）
Exochoroda racemosa
バイカシモツケ（梅花下野）
バラ科　耐寒性落葉低木
原産地 中国北部
花 色 ✿
花 径 4cm　**樹 高** 3〜4m
開花期 4〜5月
特　徴 明治時代に渡来したが千利休との関係は不明。近年庭木として人気が出た。

ワスレナグサ（忘れな草）
Myosotis sylvatica
ミオソチス、エゾムラサキ
ムラサキ科　耐寒性1年草
原産地 ヨーロッパ
花 色 ✿✿✿
花 径 0.5cm　**草 丈** 15〜25cm
開花期 4〜5月
特　徴 日向と水はけのよい土を好む。寒さには強いが根を傷めると弱るので注意。

アケボノフウロ（曙風露）
Geranium sanguineum
フウロソウ科　耐寒性宿根草
原産地 地中海沿岸
花 色 ✿
花 径 3〜4cm　**草 丈** 20〜50cm
開花期 4〜6月
特　徴 掌状に切れ込んだ葉と明るい色の大きな花が人気。ロックガーデンにも利用。

ギリア・トリコロール
Gilia tricolor
ヒメハナシノブ、バーズアイズ
ハナシノブ科　耐寒性1年草
原産地 北アメリカ西部
花 色 ✿
花 径 2cm　**草 丈** 60〜70cm
開花期 4〜6月
特　徴 花の基部の色が濃い模様になり鳥の目のように見える。葉は細かく切れ込む。

クリンソウ（九輪草）
Primula japonica
サクラソウ科　耐寒性宿根草
原産地 日本
花 色 ✿✿✿✿
花 径 2〜3cm　**草 丈** 30〜70cm
開花期 4〜6月
特　徴 山地の湿った場所に自生し、花が寺の塔の九輪のように段になって咲く。

セラスチウム
Cerastium tomentosum
シロミミナグサ
ナデシコ科　耐寒性宿根草
原産地 ヨーロッパ
花 色 ✿
花 径 0.5cm　**草 丈** 15cm
開花期 4〜6月
特　徴 葉と茎に微毛があり美しい灰白色。夏の暑さに弱いので花後刈り込むとよい。

花形で見わける✿放射状にひらく花5弁5裂 春

フロックス・ドラモンディー
Phlox drummondii
キキョウナデシコ 桔梗撫子
ハナシノブ科　耐寒性1年草
原産地 テキサス東部
花　色 🌸🌸🌸🌸🌸
花径 2～3cm　**草丈** 15～40cm
開花期 4～6月
特　徴 花つきがよいので春花壇に欠かせない。花びらが尖った星形の品種もある。

フロックス・ピロサ
Phlox pilosa
ツルハナシノブ 蔓花忍
ハナシノブ科　耐寒性宿根草
原産地 北アメリカ
花　色 🌸🌸🌸
花径 2～3cm　**草丈** 20～40cm
開花期 4～6月
特　徴 地下茎で這い広がる。花は甘い香りを放ち咲くにつれて色が変化する。

リシマキア・ヌンムラリア
Lysimachia nummularia
ヨウシュコナスビ 洋種小茄子
サクラソウ科　耐寒性宿根草
原産地 ヨーロッパ
花　色 🌸
花径 1cm　**草丈** 5cm
開花期 4～6月
特　徴 茎が地を這うのでグラウンドカバーに利用される。黄色い葉の品種が人気。

ワックスフラワー
Chamelaucium uncinatum
カメラウキウム
フトモモ科　非耐寒性常緑低木
原産地 西オーストラリア
花　色 🌸🌸🌸🌸
花径 2～4.5cm　**樹高** 2～5m
開花期 4～7月
特　徴 細い枝に松葉状の葉をつけ、ロウ質の小花を咲かせる。切り花にも利用。

ナスタチウム
Tropaolum mujus
キンレンカ 金蓮花、ノウゼンハレン
ノウゼンハレン科　非耐寒性宿根草（一年草）
原産地 南アメリカ北西部
花　色 🌸🌸🌸
花径 2cm　**草丈** 10～15cm
開花期 4～7月
特　徴 花はサラダで食用に。春から咲き始め真夏は半日陰にしてやると秋も咲く。

アブチロン
Abutilon×hybridum
アオイ科　半耐寒性常緑低木
原産地 交配種
花　色 🌸🌸🌸🌸🌸
花径 3～7cm　**樹高** 0.3～2m
開花期 4～11月
特　徴 交配によって作られた品種群。わん形花を下垂させる。斑入り葉もある。

キウイフルーツ
Actinidia chinensis

シナサルナシ、オニマタタビ
マタタビ科　落葉性つる性木本
原産地 中国南部
花　色 ✿
花　径 2〜4cm
つるの長さ 5m〜
開花期 5月
特　徴 雌雄異株。棚仕立てするがしばしば伸びすぎるので家庭では鉢植えが無難。

アグロステンマ
Agrostemma githago

ムギセンノウ　麦仙翁
ナデシコ科　耐寒性1年草
原産地 ヨーロッパ
花　色 ✿
花　径 5〜7cm
草　丈 60〜90cm
開花期 5〜6月
特　徴 細くしなやかな茎先に大きな花をつけるので大きくなると倒れやすい。

アグロステンマとオルレアを主役にしたホワイトガーデン。

ゲラニウム 'ジョンソンズブルー'
Geranium 'Jhonson's Blue'

フウロソウ科　耐寒性宿根草
原産地 交配種
花　色 ✿
花径 3〜4cm　草丈 30〜60cm
開花期 5月
特　徴 よく茂ってマット状になる。美しい花色と花形から人気が高い品種。

ピラカンサ
Pyracantha crenulata

ヒマラヤトキワサンザシ
バラ科　耐寒性常緑低木
原産地 ヒマラヤ
花　色 ✿
花　径 0.6cm　**樹　高** 1〜5m
特　徴 枝には鋭い刺がある。実は冬に赤く熟すが別種に黄色や橙色のものもある。

アクイレギア
Aquilegia Hybrids

セイヨウオダマキ　西洋苧環
キンポウゲ科　耐寒性宿根草
原産地 交配種
花　色 ✿✿✿✿✿✿
花　径 3〜5cm　**草　丈** 10〜15cm
開花期 5〜6月
特　徴 花の後ろに長く突き出た距（きょ）を持つ。花色も花姿も多様で八重咲きもある。

花形で見わける・放射状にひらく花5弁5裂 春

ウンシュウミカン（温州蜜柑）
Citrus unshiu

ミカン科　半耐寒性常緑低木
原産地 日本
花　色 ✿
花径 2.5～3cm　**樹高** 1～3m
開花期 5～6月
特　徴 実は冬に黄色く熟し甘くおいしい。改良により多数の品種が作られている。

エゴノキ
Styrax japonica

チシャノキ、ロクロギ

エゴノキ科　耐寒性落葉小高木
原産地 日本を含む東アジア
花　色 ✿✿
花径 2～3cm　**樹高** 2～8m
開花期 5～6月
特　徴 花には長い柄があって枝からぶら下がり一面に咲く。材をろくろ細工に利用。

チョウジソウ（丁字草）
Amsonia elliptica

キョウチクトウ科　耐寒性宿根草
原産地 日本、朝鮮、中国
花　色 ✿
花径 1.3cm　**草丈** 40～80cm
開花期 5～6月
特　徴 湿地を好む。北米原産の葉の細い洋種も出回る。切り花にも利用される。

テイカカズラ（定家葛）
Trachelospermum asiaticum

マサキノカズラ

キョウチクトウ科　耐寒性宿根草
原産地 日本、朝鮮
花　色 ✿
花径 2～3cm　**つるの長さ** 5m～
開花期 5～6月
特　徴 つるから気根を出して這い登るのでフェンスやアーチなどに利用。

ニオイバンマツリ（匂蕃茉莉）
Brunfersia australis

ブルンフェルシア

ナス科　半耐寒性常緑低木
原産地 南アメリカ
花　色 ✿✿
花径 4cm　**樹高** 0.3～2m
開花期 5～6月
特　徴 花には芳香があり夜ことさら強い。花色は咲くにつれて紫から白へと変化する

ノイバラ（野茨、野薔薇）
Rosa multiflora

バラ科　耐寒性落葉低木
原産地 日本、朝鮮
花　色 ✿
花径 2cm　**樹高** 1.5～2m
開花期 5～6月
特　徴 花は小さいが固まってつき芳香を放つ。秋に実が赤く熟し切り花などに利用。

花形で見わける ✿ 放射状にひらく花 5弁5裂 春

こんもりとした茂みになるヒメウツギ。どこに植えても周りによく馴染む。

ヒメウツギ（姫空木）
Deutzia gracilis

ユキノシタ科　耐寒性落葉低木
原産地 日本
花　色 ○
花　径 1〜1.5cm
樹　高 30〜60cm
開花期 5〜6月
特　徴 花や株の大きさがウツギより小さいうえ、よく枝分かれするので庭木に最適。

ボリジ
Borago officinalis

ルリチシャ、ボラゴ
ナス科　耐寒性1年草
原産地 地中海沿岸
花　色 ✿○
花　径 2cm　**草丈** 50〜100cm
開花期 5〜7月
特　徴 茎やつぼみに粗い毛が生えるハーブ。花を砂糖漬けに若葉をサラダに使う。

カンパヌラ・ペルシキフォリア
Campanula persicifolia
モモバギキョウ 桃葉桔梗

キキョウ科　耐寒性宿根草
原産地 ヨーロッパ
花　色 ✿○
花径 3〜5cm　**草丈** 40〜70cm
開花期 5〜7月
特　徴 ベル形の花がにぎやかに咲く。暑さに弱いので夏は半日陰になるところがよい。

キュウリ（胡瓜）
Cucumis sativus

ウリ科　半耐寒性つる性1年草
原産地 インド西北部
花　色 ✿
花径 2cm　**つるの長さ** 2m〜
開花期 5〜7月
特　徴 3000年前から栽培されてきた野菜。サラダなど生食のほか漬け物に利用される

ハクチョウゲ（白丁花）
Serissa foetida

アカネ科　耐寒性常緑低木
原産地 中国、インド
花　色 ○
花径 1〜1.5cm　**樹高** 0.5〜1m
開花期 5〜7月
特　徴 よく枝分かれして、大きくならず刈り込みに強いので生け垣に利用される。

95

花形で見わける・放射状にひらく花5弁5裂 春

ハマナス
Rosa rugosa

ハマナシ（浜梨）
バラ科　耐寒性落葉低木
原産地 日本、朝鮮、中国
花　色 🌸🌼
花径 6〜8㎝　**樹高** 1〜1.5m
開花期 5〜7月
特　徴 海岸で大群落を作り枝に刺がびっしり生える。実は秋に赤く熟し食べられる。

オダマキ（苧環）
Aquilegia flabellata

キンポウゲ科　耐寒性宿根草
原産地 日本
花　色 🌸🌼
花径 3〜4㎝　**草丈** 30〜50㎝
開花期 5〜8月
特　徴 日本原産のミヤマオダマキを改良した園芸種。花はより大きく花数も多い。

スイセンノウ（酔仙翁）
Lychnis coronaria

フランネルソウ
ナデシコ科　耐寒性宿根草
原産地 南ヨーロッパ
花　色 🌸🌸🌼
花径 2〜3㎝　**草丈** 70〜100㎝
開花期 5〜8月
特　徴 葉や茎には白いビロード状の綿毛が密生する。丈夫でよく殖え夏もよく咲く。

ニーレンベルギア
Nierembergia caerulea

イトバギキョウ（糸葉桔梗）
ナス科　半耐寒性宿根草
原産地 アルゼンチン
花　色 🌸🌼
花径 2〜3㎝　**草丈** 10〜20㎝
開花期 5〜8月
特　徴 細い茎に針のような葉をつけ茂みになる。蒸れに弱いので夏は乾き気味に。

イモカタバミ（芋片喰）
Oxalis articulata

カタバミ科　耐寒性球根
原産地 パラグアイ
花　色 🌸🌼
花径 1.5〜2㎝　**草丈** 15〜20㎝
開花期 5〜10月
特　徴 球根が芋になり子球でよく殖える。全国の道ばたや畑で野生化している。

オキシペタルム
Tweedia caerulea

ブルースター、ルリトウワタ
ガガイモ科　半耐寒性宿根草
原産地 ブラジル、ウルグアイ
花　色 🌸🌼
花径 3㎝　**草丈** 30〜100㎝
開花期 5〜10月
特　徴 水色の花色が涼し気で切り花にも利用される。倒れやすいので支柱が必要。

花形で見わける ✿ 放射状にひらく花5弁5裂 春

ゼニアオイ（銭葵）
Malva sylvestris var.mauritiana

アオイ科　耐寒性宿根草
原産地 アジア南西部
花　色 ✿
花　径 3cm　**草　丈** 70〜150cm
開花期 5〜7・9〜10月
特　徴 梅雨前に花穂を立ち上げて下から咲き始め、真夏に休むが秋にまた咲く。

ハイビスカス
Hibiscus rosa-sinensis
ブッソウゲ（仏桑花）

アオイ科　非耐寒性常緑低木
原産地 熱帯アジア
花　色 ✿✿✿✿✿
花　径 5〜20cm
樹　高 0.3〜2m
開花期 5〜10月
特　徴 花色の多彩な多数の品種が作り出され、大輪から小輪や八重咲きもある。

赤花のイメージが強かったが今では多彩な花色がある。

ニチニチソウ（日日草）
Catharanthus roseus
ビンカ

キョウチクトウ科　非耐寒性宿根草（1年草）
原産地 マダガスカル
花　色 ✿✿✿✿
花径 3〜5cm　**草丈** 25〜30cm
開花期 5〜10月
特　徴 花持ちよく花期も長い夏花壇の定番。長雨に弱いので梅雨明け後に植えるとよい。

アメリカンブルー
Evolvulus pilosus 'Blue Daze'
エボルブルス

ヒルガオ科　半耐寒性宿根草
原産地 北アメリカ
花　色 ✿
花径 2〜3cm　**草丈** 15〜25cm
開花期 5〜11月
特　徴 茎が這い広がって花をまばらに咲かせる。花色は青で中央部としべが白い。

サザンクロス
Crowea exalata
クロウェア

ミカン科　半耐寒性常緑低木
原産地 オーストラリア南東部
花　色 ✿
花径 2〜3cm　**樹高** 0.3〜2m
開花期 5〜11月
特　徴 葉をもむとカンキツ系の香りがする。鉢植えのほか切り花にも利用される。

花形で見わける ● 放射状にひらく花 5弁5裂 夏

ギンバイカ（銀梅花）
Myrtus communis

イワイノキ、マートル
フトモモ科　耐寒性常緑低木
原産地 地中海沿岸
花　色 ○
花　径 2〜3cm　**樹　高** 1〜3m
開花期 6月
特　徴 葉や花に芳香があり、南欧では庭木として古くから利用。黄斑入り品種がある。

オルフィウム
Orphium frutescens

リンドウ科　非耐寒性宿根草
原産地 南アフリカ
花　色 ○
花　径 3cm　**草　丈** 30〜60cm
開花期 6〜7月
特　徴 低木状の宿根草で軟らかい茎先に光沢のある花を数個つける。高温多湿を嫌う。

キンシバイ（金糸梅）
Hypericum patulum

クサヤマブキ
オトギリソウ科　耐寒性常緑低木
原産地 中国中南部
花　色 ○
花　径 3〜4cm　**樹　高** 1m
開花期 6〜7月
特　徴 江戸時代中期に渡来。葉が対生した細い枝を枝垂らせ、先に数花をつける。

ナツツバキ（夏椿）
Stewartia pseudo-camellia

シャラノキ（沙羅の木）
ナツツバキ科　耐寒性落葉高木
原産地 日本
花　色 ○
花　径 5〜7cm　**樹　高** 2〜15m
開花期 6〜7月
特　徴 寺社の境内に多く植えられる。樹皮が薄くはがれて美しい模様になる。

タチアオイ（立葵）
Alcea rosea

ホリホック
アオイ科　耐寒性宿根草、1年草
原産地 小アジア
花　色 ○ ○ ○ ○ ○
花　径 5〜10cm　**草　丈** 1〜2m
開花期 6〜7月
特　徴 直立した花茎に多数のつぼみをつけて下から咲き上がる。八重咲き品種も多い。

庭先や道ばたに植えられ、人の背ほどの花茎に大輪花が次々咲き上がりよく目立つ。

花形で見わける ✿ 放射状にひらく花5弁5裂 夏

ヒペリカム 'ヒドコート'
Hypericum patulum 'Hidecote'
タイリンキンシバイ（大輪金糸梅）

オトギリソウ科　耐寒性常緑低木
原産地 キンシバイを親にした交配種
花　色 🟡
花径 6〜8cm　**樹高** 1〜1.5m
開花期 6〜7月
特　徴 キンシバイに比べ花の大きさが倍で、横に平開することから観賞価値が高い。

ヒメシャラ（姫沙羅）
Stewartia monadelpha

ツバキ科　耐寒性落葉高木
原産地 日本
花　色 ⚪
花径 2cm　**樹高** 2〜10m
開花期 6〜7月
特　徴 赤褐色の樹皮がはがれて模様になり枝ぶりもよいので庭木として人気がある。

ビョウヤナギ（美容柳）
Hypericum chinense

オトギリソウ科　耐寒性常緑低木
原産地 中国中南部
花　色 🟡
花径 4〜6cm　**樹高** 1m
開花期 6〜7月
特　徴 金色の花びらと長いしべの対比が美しい。葉が細長くヤナギに似ることから命名。

イワタバコ（岩煙草）
Conandoron ramondioides
イワナ（岩菜）

イワタバコ科　耐寒性宿根草
原産地 日本
花　色 🟣🟣⚪
花径 1.5cm　**草丈** 10〜15cm
開花期 6〜8月
特　徴 山地の日陰の湿った岩上や斜面などに生える野草。葉がタバコのように大きい。

ニガウリ（苦瓜）
Momordica charantia
ゴーヤ、ツルレイシ（蔓茘枝）

ウリ科　非耐寒性つる性1年草
原産地 熱帯アジア
花　色 🟡
花径 3cm　**つるの長さ** 10m以上
開花期 6〜8月
特　徴 実はコブだらけで苦味が強い健康野菜。夏の暑さに強くネット仕立てで日除けに。

リクニス × ハーゲアナ
Lychnis×haageana

ナデシコ科　耐寒性宿根草
原産地 交配種
花　色 🟠🔴🟠⚪
花径 5cm　**草丈** 20〜40cm
開花期 6〜8月
特　徴 マツモトとエゾセンノウの交配種。5裂した花弁の先がさらに2つに裂ける。

花形で見わける✿放射状にひらく花5弁5裂 夏

リシマキア・キリアータ
Lysimachia ciliata

サクラソウ科　耐寒性宿根草
原産地 北アメリカ
花 色 🌼
花 径 2cm　草 丈 60〜80cm
開花期 6〜8月
特 徴 冬に色が冴える銅葉品種'ファイヤークラッカー'が人気。丈夫でよく殖える。

キキョウ（桔梗）
Platycodon grandiflorus

バルーンフラワー
キキョウ科　耐寒性宿根草
原産地 日本を含む東アジア
花 色 🌸🌸🌸
花 径 5cm　草 丈 0.4〜1m
開花期 6〜9月
特 徴 つぼみは紙風船のよう。初夏の開花後に下葉3枚残して切り戻すと秋にまた咲く。

インカノカタバミ
Oxalis trianguralis

サンカクバカタバミ
カタバミ科　耐寒性球根
原産地 ブラジル
花 色 🌸
花 径 2cm　草 丈 10〜20cm
開花期 6〜10月
特 徴 緑葉と銅葉がありカラーリーフとして利用される。生育旺盛で野生化している。

エキザカム
Exacum affine

ベニヒメリンドウ
リンドウ科　非耐寒性宿根草
原産地 イエメン
花 色 🌸🌸
花 径 1〜2cm　草 丈 20〜40cm
開花期 6〜10月
特 徴 小さな葉と涼しげな花色がよく夏の鉢花に欠かせない。二重や八重咲きもある。

カワラナデシコ（河原撫子）
Dianthus superbus

ナデシコ
ナデシコ科　耐寒性宿根草
原産地 日本
花 色 🌸🌸🌸
花 径 3〜4cm　草 丈 50〜100cm
開花期 6〜10月
特 徴 花弁の先が細かく切れ込んで美しい。茎や葉は銀白色を帯びる。秋の七草。

キントラノオ（金虎の尾）
Galphimia glauca

キントラノオ科　非耐寒性常緑低木
原産地 メキシコ〜パナマ
花 色 🌼
花 径 2cm　樹 高 1〜1.5m
開花期 6〜10月
特 徴 初夏に花穂を立ち上げて下から咲き上がる。暖地では戸外で越冬する。

花形で見わける ❀ 放射状にひらく花5弁5裂 夏

午後には閉じる一日花だが、花数が多く初夏から秋まで咲く続く。

ポーチュラカ
Portulaca oleracea

ハナスベリヒユ
スベリヒユ科　非耐寒性宿根草(1年草)
原産地　インド
花　色 🌸🌸🌸🌸🌸🌸🌼
花　径　3〜5cm
草　丈　10〜15cm
開花期　6〜10月
特　徴　マツバボタンに似るが葉がへら状で区別は容易。グラウンドカバーに利用。

オイランソウ（花魁草）
Phlox paniculata

クサキョウチクトウ（草夾竹桃）
ハナシノブ科　耐寒性宿根草
原産地　北アメリカ
花　色 🌸🌸🌸🌼
花径　3cm　草丈　0.7〜1.2m
開花期　6〜10月
特　徴　花は5つに大きく裂け、茎先に集まって半球状になる。夏から秋遅くまで咲き続ける。

サポナリア
Saponaria officinalis

シャボンソウ、ソープワート
ナデシコ科　耐寒性宿根草
原産地　ヨーロッパ、西アジア
花　色 🌸🌼
花径　2〜3cm　草丈　30〜60cm
開花期　6〜10月
特　徴　茎先に花序をつくり5弁花を咲かせる。別名のように水につかると泡を出す。

ツルハナナス（蔓花茄子）
Solanum jasminoides

ナス科　半耐寒性常緑つる性木本
原産地　ブラジル
花　色 🌸🌼
花径　2〜3cm　つるの長さ　2m〜
開花期　6〜11月
特　徴　多数の花房を垂れ下げる。花色が紫のものは咲くにつれ白く変化する。

カンパヌラ・ラクティフロラ
Campanula lactiflora

キキョウ科　耐寒性宿根草
原産地　コーカサス、トルコ
花　色 🌸🌸🌼
花径　2〜3cm　草丈　0.8〜1m
開花期　7〜8月
特　徴　暑さに弱いので冷涼地向き。直立して多数の花を円錐状に咲かせる。

花形で見わける｜放射状にひらく花5弁5裂 夏

アメリカフヨウ
Hibiscus moscheutos

クサフヨウ（草芙蓉）

アオイ科　耐寒性宿根草
原産地 北アメリカ東南部
花　色 🌺🌸🤍
花径 15〜25cm　**草丈** 0.5〜1.5m
開花期 7〜9月
特　徴 園芸草花の中で最大といわれる大輪の一日花を1輪ずつ咲かせる。

キョウチクトウ（夾竹桃）
Nerium oleander

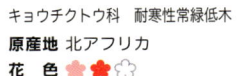

キョウチクトウ科　耐寒性常緑低木
原産地 北アフリカ
花　色 🌸🌺❀
花径 3〜4cm　**樹高** 3〜4m
開花期 7〜9月
特　徴 夏を通して花が咲き続ける。丈夫でよく芽を出し排気ガスに強い。有毒植物。

クサギ（臭木）
Clerodendrum trichotomum

クマツヅラ科　耐寒性落葉高木
原産地 日本を含む東アジア
花　色 🤍
花径 2cm　**樹高** 3〜8m
開花期 7〜9月
特　徴 葉や枝をちぎると臭いので名があるが花には芳香がある。秋に実が青黒く熟す。

トロロアオイ（黄蜀葵）
Abelmoschus manihot

ハナアオイ、オウショッキ

アオイ科　半耐寒性宿根草（1年草）
原産地 中国
花　色 💛
花　径 20〜30cm
草　丈 1〜1.5m
開花期 7〜9月
特　徴 全体に粗い毛があり葉が深く切れ込む。根は和紙を作るときの粘着剤に利用。

モミジアオイ（紅葉葵）
Hibiscus coccinues

コウショッキ（紅蜀葵）

アオイ科　耐寒性宿根草
原産地 北アメリカ南東部
花　色 🌺
花径 10〜20cm　**草丈** 1〜2m
開花期 7〜9月
特　徴 葉がモミジのように大きく切れ込む。茎先につぼみをつけ一日花が次々に咲く。

オクラ
Abelmoschus esculentus

アメリカネリ、オカレンコン

アオイ科　非耐寒性1年草
原産地 アフリカ東北部
花　色 💛
花径 8〜9cm　**草丈** 1〜1.5m
開花期 7〜10月
特　徴 花弁の基部は赤黒色。若い実は粘り成分を含む野菜として利用。

花形で見わける ✿ 放射状にひらく花5弁5裂 夏

ムクゲ（槿）
Hibiscus syriacus

ハチス、キハチス
アオイ科　耐寒性落葉低木
原産地 中国
花　色 🌸🌸🌸🌸🌼
花径 7～14cm　樹高 1～3m
開花期 7～10月
特　徴 茶花として茶席に欠かせないが、つぼみが用いられ開いた花は使われない。

一日花だが次々に咲くムクゲ。八重や半八重咲きも多く変化に富んでいる。

ゲンノショウコ（現の証拠）
Geranium thunbergii

ミコシグサ　神輿草
フウロソウ科　耐寒性宿根草
原産地 千島南部、日本、台湾、朝鮮
花　色 🌸🌼
花径 1～1.5cm　草丈 30～60cm
開花期 7～10月
特　徴 健胃整腸の民間薬で飲むとすぐに効くことから名がついた。北日本には白花が多い。

ソケイ（素馨）
Jasminum officinale

ジャスミン、ツルマツリ
モクセイ科　非耐寒性常緑低木
原産地 中国南部、インド、イラン
花　色 🌼
花径 2cm　樹高 1m
開花期 7～10月
特　徴 半つる性で羽状の葉をつける。芳香のある花に含まれる精油が香水の原料にされる。

フヨウ（芙蓉）
Hibiscus mutabilis

モクフヨウ
アオイ科　耐寒性落葉低木
原産地 日本、台湾、中国
花　色 🌸🌼
花径 10cm　樹高 1.5～2m
開花期 8～10月
特　徴 一日花だが花数が多く次々に咲く。花色が一日のうちに桃から白に変わるスイフヨウ（酔芙蓉）もある。

ルリヤナギ（瑠璃柳）
Solanum melanoxylon

ハナヤナギ、リュウキュウヤナギ
ナス科　半耐寒性常緑低木
原産地 ブラジル南部、ウルグアイ
花　色 🌸
花径 2cm　樹高 1～2m
開花期 8～10月
特　徴 江戸時代末期に琉球経由で渡来。暖地では庭植えに寒地では鉢植えに利用。

103

花形で見わける・放射状にひらく花 5弁5裂 夏〜冬

シコンノボタン（紫紺野牡丹）
Tibouchina urvilleana

ノボタン科　半耐寒性常緑低木
原産地 ブラジル
花　色 ✿
花径 5〜7cm　樹高 0.4〜1m
開花期 8〜11月
特　徴 別名は飛び出したしべがクモの足のようなことから。葉や茎には微毛がある。一日花。

チャノキ（茶の木）
Camellia sinensis

ツバキ科　耐寒性常緑低木
原産地 中国西南部
花　色 ✿
花径 2〜3cm　樹高 1〜2m
開花期 10〜11月
特　徴 鎌倉時代に栄西が中国からタネを持ち帰り栽培が始まる。花は下向きに咲き黄色い雄しべが目立つ。

サザンカ（山茶花）
Camellia sasanqua

ツバキ科　耐寒性常緑高木
原産地 日本
花　色 ✿ ✿ ✿ ✿
花径 5〜7cm　樹高 1〜6m
開花期 10〜12月
特　徴 基本は5弁だが6や7弁から重弁の品種が多い。ツバキと違い花弁は一枚ずつ散る。

ツバキ（椿）
Camellia spp.

カメリア
ツバキ科　耐寒性常緑高木
原産地 日本を含む東アジア
花　色 ✿ ✿ ✿
花　径 3〜10cm
樹　高 0.5〜10m
開花期 11〜4月
特　徴 基本は5弁だが花形の多様な品種がたくさんある。散るときは花首から落ちる。

原種に近い一重咲きから変わり咲き、八重咲きなど多数の品種がある。

プリムラ・マラコイデス
Primula malacoides

ケショウザクラ、オトメザクラ
サクラソウ科　半耐寒性宿根草（1年草）
原産地 中国
花　色 ✿ ✿ ✿
花径 1cm　草丈 20〜40cm
開花期 11〜4月
特　徴 花は立ち上げた花茎に輪生して咲き上がる。鉢植え用と地植え用の品種がある。

花形で見わける・放射状にひらく花5弁5裂 秋～冬

ルクリア
Luculia pinceana

アッサムニオイザクラ

アカネ科　半耐寒性常緑低木
原産地 ヒマラヤ～中国雲南
花　色 ❀❀
花径 3cm　**樹高** 0.3～1.5m
開花期 11～12月
特　徴 花には芳香がある。夏は戸外の半日陰、冬は5℃以上の日向の窓辺などで管理する。

プリムラ・オブコニカ
Primula obconica

トキワザクラ（常磐桜）

サクラソウ科　非耐寒性宿根草（1年草）
原産地 中国
花　色 ❀❀❀❀❀
花径 2～4cm　**草丈** 20～40cm
開花期 12～3月
特　徴 葉や茎の微毛に触れるとかぶれることがあるので注意。冬は5℃以上の室内で。

プリムラ・ジュリアン
Primula juliae

サクラソウ科　半耐寒性宿根草（1年草）
原産地 コーカサス地方東部
花　色 ❀❀❀❀❀❀
花径 3cm　**草丈** 5～10cm
開花期 12～3月
特　徴 ポリアンサとの交配で多数の品種があり半八重が多い。暖地では戸外で越冬。

プリムラ・ポリアンサ
Primula Polyanrhus Group

サクラソウ科　半耐寒性宿根草（1年草）
原産地 交配種
花　色 ❀❀❀❀❀❀
花径 3～5cm　**草丈** 10～25cm
開花期 12～3月
特　徴 4つの原種を交配した大輪系の品種群。花の中央が黄色いものが多い。

ウメ（梅）
Prunus mume

ムメ

バラ科　耐寒性落葉高木
原産地 中国中部
花　色 ❀❀❀
花径 2～3cm　**樹高** 5～6m
開花期 1～3月
特　徴 観賞用の花ウメと果実採取用の実ウメがある。古代に渡来し家紋など模様化される。花は芳香がある。

梅の基本は5弁でさまざまな文様に図案化されている。二重から八重咲きも多い。

花形で見わける
放射状にひらく花 6弁・6裂

コブシ（辛夷）
Magnolia kobus

ヤマアララギ
モクレン科　耐寒性落葉高木
原産地 日本
花　色
花径 6～10cm **樹高** 7～15m
開花期 3～4月
特　徴 開花と同時に花の下に葉が1枚出ることがよく似たタムシバと違う。

花は芳香があり、葉が開く前に咲くので遠くからでもよく目立つ。

カタクリ（片栗）
Erythronium japonicum

カタカゴ
ユリ科　耐寒性球根
原産地 日本、朝鮮
花　色
花径 4～6cm **草丈** 15～30cm
開花期 3～4月
特　徴 1茎に1花を下向きに咲かせ花弁が反り返る。成長につれ球根は深くもぐる。

クンシラン（君子蘭）
Clivia miniata

クリビア、ウケザキクンシラン
ヒガンバナ科　非耐寒性宿根草
原産地 南アフリカ
花　色
花径 10cm **草丈** 30～60cm
開花期 3～4月
特　徴 剣形の革質葉を重ねた株の中心から太い花茎を出し、先に10輪以上咲かせる。

リューココリネ
Leucocoryne ixioides

グローリー・オブ・ザ・サン
ユリ科　耐寒性球根
原産地 チリ
花　色
花径 2cm **草丈** 30～40cm
開花期 3～4月
特　徴 細長い花茎の先に芳香花を12以上咲かせる。葉は線形で開花すると枯れる。

花形で見わける◆放射状にひらく花6弁6裂 春

ハナニラ（花韮）
Ipheion uniflorum
イフェイオン
ユリ科　耐寒性球根
原産地 アルゼンチン、ウルグアイ
花　色 ✿ ✿
花　径 3〜5cm　**草　丈** 15cm
開花期 3〜5月
特　徴 葉を傷つけるとニラ臭がある。開花後は葉を枯らして休眠し丈夫でよく殖える。

チューリップ・クルシアナ クリサンサ
Tulipa culsiana var.chrysantha
ユリ科　耐寒性球根
原産地 イランからヒマラヤ
花　色 ✿
花　径 6〜8cm　**草　丈** 15cm
開花期 4月
特　徴 原種チューリップ。花は内側が黄色で6弁のうち大きな3枚の外側は赤い。

チューリップ'ライラックワンダー'
Tulipa bakeri 'Lilac Wander'
ユリ科　耐寒性球根
原産地 クレタ島
花　色 ✿
花　径 8〜10cm　**草　丈** 20〜30cm
開花期 4月
特　徴 原種チューリップの明るい桃色花品種。内側の底が黄色い丸い模様になる。

オオアマナ（大甘菜）
Ornithogalum umbellatum
オーニソガラム・ウンベラツム
ユリ科　耐寒性球根
原産地 ヨーロッパ、西アジア
花　色 ✿
花　径 2〜3cm　**草　丈** 10〜30cm
開花期 4〜5月
特　徴 花弁の外側が緑色で、昼開き夜は閉じる。丈夫で植えたままでよく殖える。

スパラキシス
Sparaxis tricolor
アヤメ科　耐寒性球根
原産地 南アフリカ
花　色 ✿ ✿ ✿ ✿
花　径 4〜5cm　**草　丈** 30〜45cm
開花期 4〜5月
特　徴 花弁の基部に黄色の模様のある品種が多く、花穂の下から咲き上がる。

アッツザクラ
Rhodohypoxis baurii
ロードピポキシス
キンバイザサ科　耐寒性球根
原産地 南アフリカ
花　色 ✿ ✿
花　径 1〜1.5cm　**草　丈** 10〜15cm
開花期 4〜6月
特　徴 暑さに弱いので夏に半日陰になる落葉樹の下に植えるとよい。

107

花形で見わける・放射状にひらく花 6弁6裂 春〜夏

アノマテカ
Anomatheca laxa

ヒメヒオウギ（姫檜扇）
アヤメ科　半耐寒性球根
原産地 南アフリカ
花 色 🌸🌸
花 径 3㎝　**草 丈** 30〜40㎝
開花期 5月
特　徴 花弁の下3枚に赤い模様がある。ラペイルージア属に分類されることもある。

カラタネオガタマ（唐種招霊）
Michelia figo

トウオガタマ
モクレン科　耐寒性常緑小高木
原産地 中国
花 色 🌸🌸🌸
花 径 2〜3㎝　**樹 高** 2〜5m
開花期 5〜6月
特　徴 花は甘いバナナの香りが強い。1日か2日で咲き終わるが次々に咲き続ける。

オリエンタルポピー
Papaver orientale

オニゲシ（鬼芥子）
ケシ科　耐寒性宿根草
原産地 西南アジア
花 色 🌸🌸🌸🌸
花 径 10〜20㎝　**草 丈** 0.7〜1m
開花期 5〜6月
特　徴 基本種は4〜6弁で八重もある。花弁の基部に黒い模様が入り葉と茎に剛毛がある。

ニワゼキショウ（庭石菖）
Sysirinchium atlanticum

ナンキンアヤメ（南京菖蒲）
アヤメ科　耐寒性宿根草
原産地 北アメリカ
花 色 🌸🌸
花 径 1.5㎝　**草 丈** 10〜20㎝
開花期 5〜6月
特　徴 明治中期に渡来し各地に帰化し、日向の芝生や道ばたなどに生えている。

ユリノキ（百合の木）
Liriodendron tulipifera

チューリップツリー、ハンテンボク
モクレン科　耐寒性落葉高木
原産地 北アメリカ
花 色 🌸
花 径 5〜6㎝　**樹 高** 20m以上
開花期 5〜6月
特　徴 花の基部にはオレンジ色の模様がある。別名は葉の形が半纏に似るから。

ヤマユリ（山百合）
Lilium auratum

ユリ科　耐寒性球根
原産地 日本
花 色 🌸
花 径 20〜25㎝　**草 丈** 1〜2m
開花期 6〜7月
特　徴 大輪の花は甘い香りがある。多数のオリエンタル系ユリの交配親となった。

花形で見わける✿放射状にひらく花6弁6裂 夏

6弁が多いが5〜8弁まで変化があり八重咲きもある。

クチナシ（梔子）
Gardenia jasminoides

アカネ科　耐寒性常緑低木
原産地 日本、中国南部、台湾、インドシナ
花　色 ✿
花径 6〜8cm　**樹高** 1.5〜3m
開花期 6〜7月
特　徴 夏を代表する芳香花。実は冬に橙色に熟し黄色の染料や食品の着色に利用される。

グロリオサ
Gloriosa rothschaildiana

キツネユリ（狐百合）
ユリ科　非耐寒性つる性球根
原産地 アフリカ
花　色 ✿✿✿
花径 7〜10cm　**つるの長さ** 1〜3m
開花期 6〜8月
特　徴 花弁は強く反り返り赤と黄色のコントラストが美しい。茎の先は巻きひげになる。

スカシユリ（透し百合）
Lilium maculatum

イワトユリ（岩戸百合）
ユリ科　耐寒性球根
原産地 日本
花　色 ✿
花径 13cm　**草丈** 30〜80cm
開花期 7〜8月
特　徴 花弁が強く反り返り下向きに咲く。上部の葉のわきにむかごがつく。球根は食用。

オニユリ（鬼百合）
Lilium lancifolium

テンガイユリ（天蓋百合）
ユリ科　耐寒性球根
原産地 日本、朝鮮、中国、カラフト
花　色 ✿
花径 7〜8cm　**草丈** 1.2〜1.8m
開花期 7〜8月
特　徴 花弁が強く反り返り下向きに咲く。上部の葉のわきにむかごがつく。球根は食用。

カノコユリ（鹿の子百合）
Lilium speciosum

ジャパニーズリリー
ユリ科　耐寒性球根
原産地 日本、台湾、中国
花　色 ✿✿✿
花径 8〜10cm　**草丈** 1〜1.5m
開花期 7〜8月
特　徴 花弁に赤い突起が鹿の子絞りのように入る。花は芳香があり花弁は強く反り返る。

花形で見わける◆放射状にひらく花6弁6裂 夏〜秋

ノカンゾウ（野萱草）
Hemerocallis longituba

ユリ科　耐寒性宿根草
原産地 日本
花　色 🌼
花　径 7㎝　**草　丈** 70〜90㎝
開花期 7〜8月
特　徴 山野の湿った場所に生え、花色は濃淡の変異が大きい。アブラムシがつきやすい。

ヒオウギ（檜扇）
Belamcanda chinensis
カラスオウギ（烏扇）

アヤメ科　耐寒性宿根草
原産地 日本、中国、台湾、インド北部
花　色 🌼🌼
花径 5〜6㎝　**草丈** 0.5〜1m
開花期 7〜8月
特　徴 剣形の葉が檜扇状に重なる。黒く熟した実はヌバタマと呼ばれて生花に使われる。

サフランモドキ
Zephyranthes carinata

ヒガンバナ科　耐寒性球根
原産地 中央アメリカ
花　色 🌸
花径 6〜7㎝　**草丈** 20〜30㎝
開花期 8〜10月
特　徴 渡来時にサフランと間違われたのが名の由来。上向きに咲き八重咲きもある。

タマスダレ（玉簾）
Zephyranthes candida

ヒガンバナ科　耐寒性球根
原産地 ペルー
花　色 ✿
花　径 4㎝　**草　丈** 20〜30㎝
開花期 9〜10月
特　徴 よく花壇の縁取りに使われる。花は日向で開き日が陰ると半分閉じる。葉は線状。

タイワンホトトギス（台湾杜鵑）
Tricyrtis formosana

ユリ科　耐寒性宿根草
原産地 台湾
花　色 ✿
花径 2.5〜3.5㎝　**草丈** 0.6〜1m
開花期 9〜10月
特　徴 茎や葉に毛が多い。花はホトトギスより小さく花弁の下に球状の突起が2つある。

ホトトギス（杜鵑）
Tricyrtis hirta

ユリ科　耐寒性宿根草
原産地 日本
花　色 ✿
花径 3〜4㎝　**草丈** 0.4〜1m
開花期 9〜10月
特　徴 花の紫の斑点を鳥のホトトギスの胸模様になぞらえて命名。日向〜半日陰を好む。

花形で見わける

放射状にひらく花 6弁 8弁・重弁

スイセン（水仙）
Narcissus Hybrids

ダッフォディル、ナルキッサス
ヒガンバナ科　耐寒性球根
原産地 地中海沿岸
花　色 🌼 ⚪
花径 3～7cm　**草丈** 15～40cm
開花期 2～4月
特　徴 咲き方や花の大きさからラッパズイセンや大杯スイセンなど12グループがある。

ユキワリソウ（雪割草）
Hepatica Hybrids

キンポウゲ科　耐寒性宿根草
原産地 日本
花　色 🌸 🟣 ⚪
花　径 2～3cm
草　丈 10cm
開花期 2～4月
特　徴 オオミスミソウとケスハマソウの交配種。6弁や8弁、八重咲きまで多数ある。

一重咲きは素朴な風情があり、八重咲きには華やかさがある。

ニホンズイセン（日本水仙）
Narcissus tazetta

ヒガンバナ科　耐寒性球根
原産地 地中海沿岸
花　色 ⚪
花径 3cm　**草丈** 20～40cm
開花期 12～4月
特　徴 古くに中国を経由して渡来。越前海岸や城ヶ島など海岸に野生化し群生する。

クレマチス
Clematis Hybrids

キンポウゲ科　耐寒性つる性宿根草
原産地 多数の原種による交配種
花　色 🌸 🟣 ⚪
花　径 5～15cm
つるの長さ 2m～
開花期 4～10月
特　徴 花は平開する大輪で6弁と8弁を中心に八重咲きなど多数の品種がある。

平開するタイプは6～8弁が多いが、豪華な八重咲きも人気。

花形で見わける
放射状にひらく花 重弁

花形で見わける・放射状にひらく花重弁 春

ウンナンオウバイ（雲南黄梅）
Jasminum mesnyi

オウバイモドキ　黄梅擬

モクセイ科　耐寒性常緑低木
原産地 中国南西部
花　色
花　径 4cm　**樹　高** 2〜3m
開花期 2〜4月
特　徴 枝は四角でよく枝垂れてつるのようになり、花は7〜8裂の二重〜半八重となる。

フクジュソウ（福寿草）
Adonis amurensis

ガンジツソウ　元日草

キンポウゲ科　耐寒性宿根草
原産地 日本、シベリア東部、中国
花　色
花　径 3〜5cm　**草　丈** 10〜30cm
開花期 2〜4月
特　徴 花は日向で開きかげると閉じる。江戸時代に流行して多数の品種が作られた。

アネモネ
Anemone coronaria

ハナイチゲ、ボタンイチゲ

キンポウゲ科　耐寒性球根
原産地 地中海沿岸
花　色
花　径 6〜10cm　**草　丈** 20〜40cm
開花期 3〜5月
特　徴 改良により花形が多様な大輪品種が作られていて、半八重から八重咲きが多い。

花形は八重を中心に多様。
上は切り花用の大型品種。

フランネルフラワー
Actinotus helianthi

アクチノタス

セリ科　耐寒性常緑宿根草
原産地 オーストラリア
花　色
花　径 5〜7cm　**草　丈** 20〜70cm
開花期 3〜11月
特　徴 白い花や灰緑色の葉はフェルト状。湿り気が苦手なので乾燥気味に管理する。

花形で見わける ✿ 放射状にひらく花 重弁 春

ハナモモ（花桃）
Prunus persica

バラ科　耐寒性落葉小高木
原産地 中国北部
花　色 🌸🌸🌼
花径 3〜5㎝　**樹高** 1.5〜7m
開花期 3〜4月
特　徴 花を観賞するために作られた品種で八重咲きが多い。採果用の実モモは5弁の一重。

ふくよかな花形でよく目立つ。下はキクに似た品種キクモモ。

ニワザクラ（庭桜）
Prunus glandulosa

バラ科　耐寒性落葉低木
原産地 中国中部
花　色 🌸🌼
花径 2㎝　**樹高** 1.5m
開花期 4月
特　徴 室町時代に渡来し庭木として栽培されてきた。花は八重咲きで実はならない。

ハナカイドウ（花海棠）
Malus halliana
カイドウ、スイシカイドウ

バラ科　耐寒性落葉高木
原産地 中国中部
花　色 🌸
花径 3〜4㎝　**樹高** 0.8〜5m
開花期 4月
特　徴 花形は変異があり5弁の二重〜半八重が多く、長い花柄にぶら下がって咲く。

サトザクラ（里桜）
ヤエザクラ（八重桜）

バラ科　耐寒性落葉高木
花　色 🌸🌼🍀
花径 3〜6㎝　**樹高** 8〜10m
開花期 4〜5月
特　徴 交配により作られた品種群（オオシマザクラ系が多い）で野生のサクラに対して名づけられた。八重咲きが多く4月下旬〜5月上旬に開花。

シャクヤク（芍薬）
Paeonia lactiflora
エビスグサ（夷草）

ボタン科　耐寒性宿根草
原産地 中国北部〜シベリア南部
花　色 🌸🌸🌼
花径 7〜10㎝　**草丈** 50〜90㎝
開花期 4〜5月
特　徴 5〜10弁の一重もあるが、多くは半八重から八重など多様な花形の品種がある。

花形で見わける　放射状にひらく花重弁　春

モッコウバラ（木香薔薇）
Rosa banksiae

丈夫で成長が早いので原種バラの中で最も人気がある。

バラ科　耐寒性常緑つる性木本
原産地 中国
花　色 🌼
花　径 2cm　**樹　高** 2〜4m
開花期 4〜5月
特　徴 江戸中期に渡来。白花は香るが黄花に人気がある。刺がないので扱いやすい。

ラナンキュラス
Ranunculus asiaticus

ハナキンポウゲ（花金鳳華）
キンポウゲ科　半耐寒性球根
原産地 西アジア〜東地中海沿岸
花　色 🌸🌼🌺🌼🤍
花径 10〜15cm　**草丈** 20〜60cm
開花期 4〜5月
特　徴 原種は一重だが改良されて八重咲きの大輪品種が多数作り出されている。

カーネーション
Dianthus caryophyllus

オランダセキチク
ナデシコ科　半耐寒性宿根草
原産地 南ヨーロッパ、地中海沿岸
花　色 🌸🌼🌺🌼🤍🌸
花径 3〜8cm　**草丈** 30〜50cm
開花期 4〜6・9〜11月
特　徴 交配により花色が多彩で花形の美しい大輪品種が作られた。切り花用が多い。

キュウコンベゴニア　直立性
Begonia ×tuberhybrida

シュウカイドウ科　非耐寒性球根
原産地 アンデス産の数種を交配
花　色 🌸🌼🌺🌼🤍
花径 2〜10cm　**草丈** 30〜80cm
開花期 4〜11月
特　徴 直立性と下垂性の2つのタイプがあり株の姿や花形、大きさは変異がある。

ボタン（牡丹）
Paeonia suffruticosa

ナトリグサ（名取草）
ボタン科　耐寒性落葉低木
原産地 中国西北部
花　色 🌸🌺🟣🌼🤍
花径 15〜25cm　**樹高** 0.5〜1m
開花期 5月
特　徴 八重や千重の花弁の豪華な大輪品種が人気。花が大きいので支柱が必要。

花形で見わける ✿ 放射状にひらく花 重弁 春

クロバナロウバイ（黒花蠟梅）
Calycanthus floridus
ニオイロウバイ
ロウバイ科　耐寒性落葉低木
原産地 北アメリカ南東部
花　色 ✿
花径 3〜4cm　**樹高** 1〜2m
開花期 5〜6月
特　徴 花弁は赤紫色で細長く強い芳香がある。別種に香らないアメリカロウバイがある。

サラサウツギ（更紗空木）
Deutzia crenata f.plena

ユキノシタ科　耐寒性落葉低木
原産地 日本
花　色 ✿
花径 2〜2.5cm　**樹高** 1〜3m
開花期 5〜7月
特　徴 ウツギの雄しべが花弁化した八重咲き品種。花弁の一番外側が桃色を帯びる。

タイサンボク（泰山木）
Magnolia grandiflora
ハクレンボク（白蓮木）
モクレン科　耐寒性常緑高木
原産地 北アメリカ
花　色 ✿
花径 15〜20cm　**樹高** 10〜20m
開花期 5〜6月
特　徴 花は9弁で芳香があり庭木の花では最大級。葉は光沢があり裏に褐色毛が密生。

ニゲラ
Nigella damascena
クロタネソウ（黒種草）
キンポウゲ科　耐寒性1年草
原産地 ヨーロッパ南部
花　色 ✿✿✿
花径 3〜4cm　**草丈** 40〜80cm
開花期 5〜6月
特　徴 花の下の葉が細かく裂けてアクセントとなる。実はドライフラワーに利用。

ホオノキ（朴の木）
Magnolia obovata
ホオガシワ（朴柏）
モクレン科　耐寒性落葉高木
原産地 日本、南千島、中国
花　色 ✿
花径 15cm　**樹高** 5〜30m
開花期 5〜6月
特　徴 花弁は9〜12枚で芳香があり日本原産の木の花として最大。葉も大きい。

ハナザクロ（花石榴）
Punica granatum

ザクロ科　耐寒性落葉小高木
原産地 地中海沿岸、西南アジア
花　色 ✿✿✿
花径 3〜5cm　**樹高** 3〜5m
開花期 5〜9月
特　徴 果樹の実ザクロが6弁一重花に対し、やや大きい重弁花で観賞用に作られた。

花形で見わける ✿ 放射状にひらく花重弁 春〜夏

トケイソウ（時計草）
Passiflora caerulea

パッションフラワー
トケイソウ科　半耐寒性常緑つる性木本
原産地 南アメリカ中〜西部
花　色 ✿
花径 10cm　**つるの長さ** 6m〜
開花期 5〜9月
特　徴 別名は花形をキリストの磔刑（パッション）になぞらえた。葉は掌状に裂ける。

トロリウス
Trollius chinensis

カンムリキンバイ（冠金梅）
キンポウゲ科　耐寒性宿根草
原産地 中国
花　色 ✿✿
花径 4cm　**草丈** 60〜80cm
開花期 5〜7月
特　徴 花の中心から細長く変化した多数の花弁が立ち並ぶ。日本のキンバイソウの仲間。

スイレン（睡蓮）耐寒性
Nymphaea Hybrids

ウォーターリリー
スイレン科　耐寒性水生宿根草
原産地 寒帯〜温帯
花　色 ✿✿✿✿✿
花径 5〜10cm　**草丈** 10〜30cm
開花期 6〜9月
特　徴 水中から茎を出して水面に丸い葉を浮かべる。花は水面に浮かび昼間に咲く。

マツバボタン（松葉牡丹）
Portulaca grandiflora

スベリヒユ科　非耐寒性1年草
原産地 南アメリカ
花　色 ✿✿✿✿✿
花径 3〜6cm　**樹高** 10〜20cm
開花期 6〜9月
特　徴 短い松葉状の葉をつけた茎が這い広がる。花は午前中に開き午後にはしぼむ。

ゲッカビジン（月下美人）
Epiphyllum oxypetalum

サボテン科　非耐寒性多年草
原産地 メキシコ、ブラジル
花　色 ✿
花径 20cm　**草丈** 1〜1.5m
開花期 6〜10月
特　徴 コンブのような葉のクジャクサボテンの仲間。芳香のある大輪花を夜咲かせる。

アザレア
Rhododendron Bergian Indian Group

ツツジ科　半耐寒性常緑低木
原産地 欧米で改良された品種群
花　色 ✿✿✿
花径 5cm　**草丈** 20〜40cm
開花期 6〜11月
特　徴 日本や中国原産のツツジを基に改良された。花色の変化があり八重咲きが多い。

花形で見わける † 放射状にひらく花重弁 夏〜冬

ハス (蓮)
Nelumbo nucifera

ハチス
スイレン科　耐寒性水生宿根草
原産地 アジアの熱帯〜温帯
花　色 🌸🌸🌼
花径 12〜20cm　**草丈** 0.7〜2m
開花期 7〜8月
特　徴 根茎を伸ばして水面から立ち上がり花や葉をつける。根はレンコンとなる。

ヤブカンゾウ (藪萱草)
Hemerocallis fulva var.kwans

オニカンゾウ、ワスレグサ
ユリ科　耐寒性宿根草
原産地 日本
花　色 🌼
花径 8cm　**草丈** 0.8〜1m
開花期 7〜8月
特　徴 人里近くに生える野草。花は八重咲きで茎の先に10数花つける。若葉は山菜として利用される。

カンツバキ (寒椿)
Camellia×hiemalis

シシガシラ (獅子頭)
ツバキ科　耐寒性常緑低木
原産地 日本
花　色 🌸🌺🌼
花径 7〜9cm　**樹高** 1〜3m
開花期 11〜2月
特　徴 サザンカの品種といわれる'獅子頭'とその品種群。横張り性が強く垣根に利用。

エラチオールベゴニア
Begonia×hiemalis

リーガースベゴニア
シュウカイドウ科　非耐寒性多年草
球根ベゴニアとソコトラ産種の交配種
花　色 🌸🌺🌺🌼🌼
花径 5〜10cm　**草丈** 30〜40cm
開花期 11〜4月
特　徴 ヨーロッパで19世紀末期に作られた。冬咲きベゴニアとも呼ばれる。

シュウメイギク (秋明菊)
Tradescantia pallida

キブネギク (貴船菊)
キンポウゲ科　耐寒性宿根草
原産地 中国
花　色 🌸🟣🌼
花径 3〜5cm　**草丈** 0.4〜1m
開花期 9〜11月
特　徴 古くに渡来し京都の貴船に生える紫八重花。桃色や白一重花の交雑種がある。

白と桃色花の交雑種は一重から二重咲きで花数が多い。

花形で見わける
らっぱ形の花

オウバイ（黄梅）
Jasminum nudiflorum
ゲイシュンカ（迎春花）
モクセイ科　耐寒性落葉低木
原産地 中国北部
花　色 🌼
花　径 2cm　**樹　高** 0.5〜1m
開花期 2〜4月
特　徴 緑色で4角張った枝が垂れ下がり地面につくと根を下ろす。花弁は5〜6裂する。

クロッカス
Crocus spp.
ハナサフラン
アヤメ科　耐寒性球根
原産地 地中海沿岸、西アジア
花　色 🌸🌼🌺
花　径 3〜5cm　**草　丈** 5〜10cm
開花期 2〜4月
特　徴 多数の原種とその品種がある。地上茎はなく球根から花茎が伸びて6弁花が咲く。

カロライナジャスミン
Gelsemium sempervirens
マチン科　半耐寒性常緑つる性木本
原産地 北アメリカ南東部
花　色 🌼
花　径 3cm　**つるの長さ** 4〜8m
開花期 3〜4月
特　徴 花弁が大きく5つに裂けた芳香花で八重咲きもある。有毒植物。

スイセン ブルボコジウム
Narcissus bulbocodium
ペチコートスイセン
ヒガンバナ科　耐寒性球根
原産地 地中海沿岸西部
花　色 🌼
花　径 3cm　**草　丈** 15〜40cm
開花期 3〜4月
特　徴 小型の原種スイセン。花の下部から尖った副花冠が広がるユニークな姿で人気。

フリージア
Freesia Hybrida
アサギズイセン（浅黄水仙）
アヤメ科　半耐寒性球根
原産地 南アフリカ
花　色 🌸🌺🌼🌼🌺
花　径 3〜5cm　**草　丈** 30〜50cm
開花期 3〜4月
特　徴 細長い花茎の先に花穂を作り6弁花を咲き上げる。品種により芳香がある。

花形で見わける　らっぱ形の花　春

クルメツツジ（久留米躑躅）
Rhododendron Kurume Group

小輪多花性で開花時には株全体が花で覆いつくされる。

ツツジ科　耐寒性常緑低木
原産地 日本（鹿児島）
花　色 🌸🌺🌼🌿
花　径 3㎝　**樹　高** 0.4〜1m
開花期 4月
特　徴 鹿児島産のキリシマツツジなどを基に江戸末期に久留米で改良された品種群。

ミツバツツジ（三つ葉躑躅）
Rhododendron dilatatum

ツツジ科　耐寒性落葉低木
原産地 日本
花　色 🌸
花　径 3〜4㎝　**樹　高** 2m
開花期 3〜5月
特　徴 よく枝分かれして先に3枚葉をつける早春の山に咲くツツジの代表。全国に地方名がついた仲間がある。

テッポウユリ（鉄砲百合）
Lillium longiflorum
イースターリリー

ユリ科　耐寒性球根
原産地 奄美・沖縄諸島、台湾
花　色 🌼🌿
花径 7〜8㎝　**草丈** 0.5〜1m
開花期 3〜5月
特　徴 茎先に長いらっぱ形の芳香花を6〜10個横向きに咲かせる。緑花の変種がある。

オオムラサキ（大紫）
Rhododendron oomurasaki

ツツジ科　耐寒性常緑低木
原産地 長崎県平戸で選抜された品種
花　色 🟣
花径 6〜8㎝　**樹高** 1〜3m
開花期 4〜5月
特　徴 丈夫な大輪花で街路樹の下や公園に植栽。花弁は5裂し上弁に模様がある。

シャクナゲ（石楠花）
Rhododendron Hybrids
セイヨウシャクナゲ

ツツジ科　耐寒性常緑低木
原産地 日本、中国産種の交配種
花　色 🌸🌺🟣🌼
花径 5〜10㎝　**樹高** 1〜4m
開花期 4〜5月
特　徴 一般に出回るのはヨーロッパで改良された品種。枝先に大輪花が集まって咲く。

花形で見わける らっぱ形の花 春

グロキシニア
Sinnningia speciosa

オオイワギリソウ 大岩桐草
イワタバコ科　非耐寒性球根
原産地 ブラジル
花　色 🌸🌸🌸🌼
花径5～8cm 草丈20～30cm
開花期 4～7月
特　徴 花はベルベットのような光沢がある。花弁は5～8裂し八重咲き品種もある。

マダガスカルジャスミン
Stephanotis floribunda

ガガイモ科　非耐寒性常緑つる性木本
原産地 マダガスカル
花　色 🌼
花径3cm つるの長さ2m～
開花期 4～9月
特　徴 花は肉厚で芳香があり先は5つに裂ける。夏は半日陰に冬は5℃以上に保つ。

カリブラコア
Calibrachoa Hybrids

ナス科　半耐寒性宿根草
原産地 交配種
花　色 🌸🌸🌸🌼🌼
花径2～3cm 草丈15～30cm
開花期 4～10月
特　徴 ペチュニアの近縁種で花や葉は小さいが株が大きくなる。花つきがよく雨に強い。

ペチュニア
Petunia×hybrida

ツクバネアサガオ
ナス科　非耐寒性1年草、半耐寒性宿根草
原産地 南米産種を交配した品種群
花　色 🌸🌸🌸🌼🌼🌼
花径5～12cm 草丈15～50cm
開花期 4～11月
特　徴 花径5～6cmの小輪と7cm以上の大輪の2タイプがあり、一重と八重咲きもある。

園芸草花の中でも花色が豊富でシックな色調のものも多い。

ストレプトカーパス
Streptocarpus Hybrids

イワタバコ科　非耐寒性宿根草
原産地 交配種
花　色 🌸🌸🌼
花径4～7cm 草丈10～30cm
開花期 4～10月
特　徴 セントポーリアの近縁種。欧米で改良され品種は多数。花は大きく5つに裂ける。

アマリリス

Hippeastrum Hybrids

ヒッペアストルム

ヒガンバナ科　半耐寒性球根
原産地 中南米
花　色 🌸🌺🌼🌿🌱
花径 10〜20㎝　**草丈** 30〜70㎝
開花期 5〜6月
特　徴 太い茎先に6弁の大輪花を4〜6個つける。冬〜春に輸入球が室内で開花する。

20㎝を超える大輪もあって、花弁に筋が入るものもある。

キソケイ（黄素馨）

Jasminum humile

モクセイ科　耐寒性常緑低木
原産地 ヒマラヤ
花　色 🌼
花径 2.5〜3㎝　**樹高** 2m
開花期 5〜6月
特　徴 よく分枝して先が5裂した花をつける。ジャスミンの仲間だが香りはあまりない。

サツキ（皐月）

Rhododendron Satsuki Group

サツキツツジ

ツツジ科　耐寒性常緑低木
原産地 日本
花　色 🌸🌺🌼🌿
花径 5㎝　**樹高** 0.3〜1m
開花期 5〜6月
特　徴 ツツジの仲間の中で最後に咲く。葉や花が小さく盆栽に利用される。水を好む。

タニウツギ（谷空木）

Wiegela hortensis

ベニウツギ（紅空木）

スイカズラ科　耐寒性落葉低木
原産地 日本
花　色 🌸🌼
花径 3㎝　**樹高** 2〜3m
開花期 5〜6月
特　徴 地際からよく分枝して株立ちする。枝先や葉の脇に先の5裂した花をつける。

ヤマツツジ（山躑躅）

Rhododendron kaempferi

ツツジ科　耐寒性半落葉低木
原産地 日本
花　色 🌼
花径 4〜5㎝　**樹高** 1〜4m
開花期 5〜6月
特　徴 初夏の山に咲くツツジの代表種で、横張りせず立ち上がって枝を広げる。

花形で見わける　らっぱ形の花　春

花形で見わける・らっぱ形の花　春

レンゲツツジ（蓮華躑躅）
Rhododendron japonicum

カバレンゲツツジ
ツツジ科　耐寒性落葉低木
原産地 日本
花　色 🌸🌸
花　径 5〜6cm　**樹　高** 1〜2m
開花期 5〜6月
特　徴 高原に群落が多く花の名所になっている。花色に濃淡があり黄色花の変種もある。

トリテレイア
Triteleia spp.

ブローディア、ヒメアガパンサス
ユリ科　耐寒性球根
原産地 北アメリカ
花　色 🌸🌼
花　径 1〜2cm　**草丈** 30〜40cm
開花期 5〜6月
特　徴 アガパンサスによく似た花で、ブローディアの旧名で切り花に利用が多い。

トルコギキョウ
Eustoma grandiflorum

ユーストマ、リシアンサス
リンドウ科　非耐寒性1年草
原産地 北アメリカ
花　色 🌸🌸🌸🌸🌼
花　径 5〜12cm　**草丈** 30〜90cm
開花期 5〜9月
特　徴 花の底に濃い色の模様が入る。花に色の縁取りや半八重〜八重咲きの品種もある。

ヘメロカリス
Hemerocallis Hybrids

デイリリー
ユリ科　耐寒性宿根草
原産地 日本、中国産の交配種
花　色 🌸🌸🌸🌸🌸🌼🌸
花　径 5〜20cm　**草丈** 30〜80cm
開花期 5〜9月
特　徴 多彩な花色の品種が多くあり、ほとんどは一日花だがつぼみが多く長期間咲く。

アラマンダ
Allamanda neriifolia

ヒメアリアケカズラ
キョウチクトウ科　半耐寒性常緑低木
原産地 ブラジル
花　色 🌼
花　径 3〜4cm　**樹高** 1〜1.5m
開花期 5〜10月
特　徴 より大輪のアリアケカズラもあるが本種が鉢植えで出回る。有毒で樹液に注意。

インカルビレア
Incarvillea sinensis 'Pink Fairy'

'ピンクフェアリー'
ノウゼンカズラ科　耐寒性宿根草
原産地 中国東北部
花　色 🌸🌸
花　径 3〜4cm　**草丈** 30〜40cm
開花期 5〜7月
特　徴 花は先が5つに裂けて細い茎にまばらにつく。葉は羽状に裂ける。花期が長い。

花形で見わける・らっぱ形の花 春～夏

ニコチアナ
Nicotiana×sanderae
ハナタバコ（花煙草）
ナス科　非耐寒性1年草
原産地 南アメリカ
花　色 🌸🌸🌸🌼🌸🌸
花径 4～5cm　**草丈** 30～60cm
開花期 5～10月
特　徴 交配による品種で花弁が星形にはっきり開く。パステルカラーが多く花期が長い。

コンボルブルス・サバティウス
Convolvulus sabatius
ブルーカーペット
ヒルガオ科　半耐寒性宿根草
原産地 地中海沿岸
花　色 🌸
花径 2cm　**草丈** 10～20cm
開花期 5～9月
特　徴 茎が地を這い広がるのでグラウンドカバーに利用される。花色に濃淡がある。

ヒメサユリ（姫小百合）
Lilium rubellum
オトメユリ（乙女百合）
ユリ科　耐寒性球根
原産地 日本
花　色 🌸
花径 5～6cm　**草丈** 30～80cm
開花期 6～7月
特　徴 山形・福島・新潟の県境に生える。茎先に芳香花を数個横向きに咲かせる。

花穂を立ち上げ、うつむき気味に多数の花が咲き上がる。

ギボウシ（擬宝珠）
Hosta Hybrids
ホスタ
ユリ科　耐寒性宿根草
原産地 日本、朝鮮、中国
花　色 🌸🌼
花径 2～5cm　**草丈** 0.2～1m
開花期 6～7月
特　徴 葉に白や黄色の斑が入る品種が多い。つぼみが橋の欄干飾りに似ることから命名。

コヒルガオ（小昼顔）
Calystegia hederacea
ヒルガオ科　耐寒性つる性宿根草
原産地 日本～東南アジア
花　色 🌸
花径 3～4cm　**つるの長さ** 3m～
開花期 6～8月
特　徴 つるを伸ばして這い広がり地下茎で殖える。淡い桃色の一日花を咲かせる。

123

花形で見わける・らっぱ形の花 夏

サルピグロッシス
Salpiglossis sinuata

サルメンバナ（猿面花）
ナス科　非耐寒性1年草
原産地 チリ
花　色 🌸🌸🌸🌸🌸
花径 6〜8cm　**草丈** 40〜50cm
開花期 6〜9月
特　徴 ペチュニアに近縁で、花にはビロードのような光沢と細かい網目模様がある。

アキメネス
Achimenes spp.

ハナギリソウ（花桐草）
イワタバコ科　非耐寒性球根
原産地 中央アメリカ
花　色 🌸🌸🌸🌸🌸
花径 5cm　**草丈** 30cm
開花期 6〜9月
特　徴 19世紀中ごろにヨーロッパで改良された。花は5つに裂ける。鉢植えで出回る。

インドハマユウ
Crinum latifolium

ヒガンバナ科　耐寒性宿根草
原産地 インド
花　色 🌸
花径 6〜8cm　**草丈** 1〜1.5m
開花期 6〜9月
特　徴 ハマユウの花弁は細いが、こちらはユリに似た花を花茎の先に多数咲かせる。

マンデビラ
Mandevilla×amoena

ディプラデニア
キョウチクトウ科　非耐寒性つる性宿根草
原産地 熱帯アメリカ
花　色 🌸🌸
花径 8cm　**つるの長さ** 2〜3m
開花期 6〜9月
特　徴 つるをフェンスなどに絡ませて大輪花を次々に咲かせる。乾燥に強く過湿を嫌う。

アベリア
Abelia×grndiflora

ハナツクバネウツギ
スイカズラ科　耐寒性半常緑低木
原産地 中国
花　色 🌸🌸
花径 1〜2cm　**樹高** 0.5〜1m
開花期 6〜10月
特　徴 たいへん丈夫で長い期間咲き続けることから道路脇の植え込みに利用が多い。

オシロイバナ（白粉花）
Mirabilis jalapa

フォーオクロック
オシロイバナ科　半耐寒性宿根草
原産地 ペルー
花　色 🌸🌸🌸🌸🌸
花径 3cm　**草丈** 0.6〜1m
開花期 6〜10月
特　徴 別名のように午後4時頃咲き始め、翌朝にはしぼむ。花は甘い香りを放つ。

花形で見わける らっぱ形の花 夏

エンゼルストランペット
Brugmansia spp.
キダチチョウセンアサガオ
ナス科　耐寒性落葉低木
原産地 南アメリカ中〜西部
花　色 🌸🌸🌸🌸
花径 10〜15cm **樹高** 1〜3m
開花期 6〜11月
特　徴 花色が違う数種をまとめた呼び名。花は垂れ下がって咲き夜間に甘く香る。

ノウゼンカズラ（凌霄花）
Campsis grandiflora
ノウゼンカズラ科　耐寒性落葉つる性木本
原産地 中国中〜南部
花　色 🌸
花　径 6cm
つるの長さ 5m〜
開花期 7〜9月
特　徴 つるから気根を出してよじ登りながら伸びる。花の喉部に黄色い模様がある。

つるを支柱やフェンスにまきつけて仕立てられる。

アサガオ（朝顔）
Ipomoea nil
ヒルガオ科　非耐寒性つる性1年草
原産地 世界の熱帯地域
花　色 🌸🌸🌸🌸🌸
花径 5〜15cm **つるの長さ** 2m〜
開花期 7〜9月
特　徴 花は朝早く開き昼前にしぼむ。葉がカエルの形をしている。変化咲きが多数ある。

オオマツヨイグサ（大待宵草）
Oenothera erythrosepala
アカバナ科　耐寒性2年草
原産地 北アメリカ
花　色 🌸
花　径 8cm　**草　丈** 0.8〜1.5m
開花期 7〜9月
特　徴 明治初頭に渡来し各地に野生化する。茎先に多数の尖ったつぼみをつける。

マルバアサガオ（丸葉朝顔）
Ipomea purpurea
ヒルガオ科　耐寒性つる性1年草
原産地 熱帯アメリカ
花　色 🌸
花径 5〜8cm **つるの長さ** 2m〜
開花期 7〜9月
特　徴 欧米で改良され明治初めに渡来。アサガオより寒さに強いので野生化している。

花形で見わける・らっぱ形の花 夏

タカサゴユリ（高砂百合）
Lilium formosanum
タイワンユリ（台湾百合）
ユリ科　耐寒性球根
原産地 台湾
花　色 🤍
花　径 12㎝　**草　丈** 0.6～1.5m
開花期 8月
特　徴 テッポウユリに似るが葉が針状で細い。よく高速道路脇の斜面に生えている。

ナツズイセン（夏水仙）
Lycoris squamigera

ヒガンバナ科　耐寒性球根
原産地 日本
花　色 🌸
花　径 10㎝　**草　丈** 60㎝
開花期 8月
特　徴 茎先に5～6花を横向きにつける。早春に葉が出て初夏に枯れ、その後開花する。

キツネノカミソリ（狐の剃刀）
Lycoris sanguinea

ヒガナバナ科　耐寒性球根
原産地 日本、中国
花　色 🌼
花　径 5～6㎝　**草　丈** 30～50㎝
開花期 8～9月
特　徴 葉を剃刀にたとえた。早春に葉が出て夏に枯れ、その後に開花する。

ベラドンナリリー
Amaryllis belladonna
ホンアマリリス
ヒガナバナ科　耐寒性球根
原産地 南アフリカ
花　色 🌸🤍
花　径 12㎝　**草　丈** 20～70㎝
開花期 8～9月
特　徴 アマリリスとの違いは花に香りがあることと開花時に葉がないこと。

ヨルガオ（夜顔）
Calonyction album
ムーンフラワー
ヒルガオ科　耐寒性つる性宿根草
原産地 熱帯アメリカ
花　色 🤍
花径 10～15㎝　**つるの長さ** 5m～
開花期 8～9月
特　徴 花は芳香があり夕方咲いて朝しぼむ。間違ってユウガオと呼ばれることがある。

ルコウソウ（縷紅草）
Quamoclit vulgaris

ヒルガオ科　非耐寒性つる性1年草
原産地 熱帯アメリカ
花　色 🌸🌺🤍
花径 2㎝　**つるの長さ** 3m～
開花期 8～10月
特　徴 糸のように細い葉が羽状につく。葉がモミジ形やハート形の別種がある。

花形で見わける らっぱ形の花 夏〜冬

リンドウ（竜胆）
Gentiana spp.

リンドウ科　耐寒性宿根草
原産地 日本、中国
花　色 🌸🌸🌸
花　径 3cm　**草　丈** 20〜40cm
開花期 8〜11月
特　徴 鉢植え用品種は丈低く、切り花用品種は丈が長い。花は日が当たると開く。

サフラン
Crocus sativus

アヤメ科　耐寒性球根
原産地 ヨーロッパ南部、小アジア
花　色 🌸🌸
花　径 5〜6cm　**草　丈** 10cm
開花期 10〜11月
特　徴 赤い雄しべを乾燥させて香料や染料に使う。葉は開花と一緒かすぐあとに出る。

コルチカム
Colchicum Hybrids

イヌサフラン
ユリ科　耐寒性球根
原産地 ヨーロッパ、北アフリカ、西〜中央アジア
花　色 🌸🌸
花　径 5〜10cm　**草丈** 15〜20cm
開花期 10〜11月
特　徴 球根から花茎が伸びて細長い6花弁花を咲かせる。葉は早春に出て夏に枯れる。

キルタンサス
Cyrtanthus spp.

ファイヤーリリー
ヒガンバナ科　半耐寒性球根
原産地 南アフリカ
花　色 🌸🌸🌸🌸🌸
花　径 2cm　**草　丈** 10〜15cm
開花期 12〜3月
特　徴 数種とその品種が多数ある。花は細長いらっぱ状で花茎の先に固まってつく。

種類が多く花色はさまざまあるが栽培されるのは赤や橙色系統が多い。

ユーチャリス
Eucharis grandiflora

アマゾンユリ
ヒガンバナ科　非耐寒性球根
原産地 コロンビア
花　色 🌸
花径 6〜8cm　**草丈** 40〜60cm
開花期 11〜2月
特　徴 花は茎先に3〜6個つく。6弁の芳香花で中央のしべが合着して筒状になる。

花形で見わける

つぼ形＆筒形の花

花形で見わける・つぼ形＆筒形の花 冬〜春

ロウバイ（蠟梅）
Chimonanthus praecox

ロウバイ科　耐寒性落葉低木
原産地 中国
花 色 🌼
花径 2〜4cm　**樹高** 2〜5m
開花期 12〜2月
特 徴 ロウ質の細長い花弁が筒形につき芳香を放つ。花底の小さい花弁が赤い。

庭木として人気のある変種のソシン（素心）ロウバイ。花は大型で、花弁はすべて黄色い。

カランコエ'ウェンディ'
Kalanchoe miniata 'Wendy'

ベンケイソウ科　非耐寒性宿根草
原産地 マダガスカル
花 色 🌺
花長 3cm　**草丈** 30cm
開花期 1〜3月
特 徴 オランダで交配された品種。よく分枝した花茎の先につぼ形花を多数吊り下げる。

カンヒザクラ（寒緋桜）
Prunus campanulata

ヒカンザクラ（緋寒桜）
バラ科　耐寒性落葉小高木
原産地 中国南部、台湾
花 色 🌸
花径 2cm　**樹高** 2〜5m
開花期 2〜3月
特 徴 早咲きの原種のサクラで沖縄に野生化。枝に数花ずつ固まりぶら下がって咲く。

アセビ（馬酔木）
Pieris japonica

アセボ、アシビ
ツツジ科　耐寒性常緑低木
原産地 日本、中国
花 色 🌸🌼
花長 6〜8mm　**樹高** 0.5〜3m
開花期 3〜4月
特 徴 つぼ形の小さな花を房状に垂れ下げる。淡紅花の変種にアケボノアセビがある。

花形で見わける ✝ つぼ形 & 筒形の花　春

トサミズキ（土佐水木）
Corylopsis spicata

イヨミズキ（伊予水木）

マンサク科　耐寒性落葉低木
原産地 中国
花 色 🌼
花 径 1cm　樹 高 1〜4m
開花期 3〜4月
特 徴 春に葉が出るより早く黄色い筒形花を穂状に吊り下げる。庭木として人気が高い。

ハクモクレン（白木蓮）
Magnolia denudata

ハクレン

モクレン科　耐寒性落葉高木
原産地 中国
花 色 🌼
花 径 15cm　樹 高 3〜15m
開花期 3〜4月
特 徴 9弁がつぼ形になった芳香を放つ大輪花で花つきがよい。庭木や街路樹に利用。

ヒイラギナンテン（柊南天）
Mahonia japonica

メギ科　耐寒性常緑低木
原産地 中国
花 色 🌼
花径 1〜1.5cm　樹高 1〜2m
開花期 3〜4月
特 徴 刺のある葉を羽状につけ、つぼ形の花は甘い香りを放つ。実は黒紫色に熟する。

ヒュウガミズキ（日向水木）
Corylopsis pauciflora

ヒメミズキ（姫水木）

マンサク科　耐寒性落葉低木
原産地 日本、台湾
花 色 🌼
花 径 1cm　樹 高 1〜3m
開花期 3〜4月
特 徴 幹は株立ちして上部でよく枝分れする。細い枝に黄色い花を1〜3個ずつつける。

モクレン（木蓮）
Magnolia liliflora

シモクレン（紫木蓮）

モクレン科　耐寒性落葉低木
原産地 中国中部
花 色 🌸
花 長 10cm　樹 高 3〜4m
開花期 3〜4月
特 徴 花は基部がふくらんだ筒形で上向きに咲き、モクレンの仲間では最も遅い。

バイモ（貝母）
Fritillaria thunbergii

アミガサユリ（編笠百合）

ユリ科　耐寒性球根
原産地 中国
花 色 🍀
花径 3〜4cm　草丈 40〜60cm
開花期 3〜5月
特 徴 葉は細長く先は巻きひげになる。花弁の内側に茶色の網目模様がある。

チューリップ

Tulipa spp.

ユリ科　耐寒性球根
原産地 中央アジア～地中海沿岸
花　色 🌸🌸🌸🌸🌸🌸🌸
花　径 7～12cm
草　丈 30～80cm
開花期 3～5月
特　徴 改良により一重から八重咲き、ユリ咲きなど異なる系統と数多くの品種がある。

左は一重咲きの花壇と複色一重咲き。右は上からユリ咲き、パーロット咲き、八重咲き。

カンガルーポー

Anigozanthos spp.

アニゴザントス
ハエモドルム科　半耐寒性宿根草
原産地 オーストラリア
花　色 🌸🌸🌸🌸🌸
花長 6～10cm　**草丈** 0.4～1m
開花期 3～6月
特　徴 細長い筒形の花をカンガルーの足に見立てた。花や茎には短毛が密生する。

セイヨウバイモ（西洋貝母）

Fritillaria meleagris

ユリ科　耐寒性球根
原産地 ヨーロッパ、ロシア
花　色 🌸🌸🌸
花　径 3cm　**草丈** 20～30cm
開花期 3～5月
特　徴 バイモの仲間で6弁のつぼ形花を1茎に1～2個吊り下げる。白花品種がある。

ドウダンツツジ（満天星躑躅）

Enkianthus perulatus

トウダイツツジ
ツツジ科　耐寒性落葉低木
原産地 日本
花　色 🌸
花径 0.8～1cm　**草丈** 1～2m
開花期 4月
特　徴 葉が出るのと同時に枝の先に数花を吊り下げる。秋に真っ赤に紅葉する。

花形で見わける + つぼ形 & 筒形の花　春

ブルーベリー
Vaccinium Hybrids

ツツジ科　耐寒性落葉低木
原産地 北アメリカ
花　色 ✿
花　長 1cm　**樹　高** 1〜1.5m
開花期 4〜5月
特　徴 実は6〜7月に青黒く熟し、ジャムやジュース、ケーキなどに利用される。

アマドコロ（甘野老）
Polygonatum odoratum var.pluriflorum

ユリ科　耐寒性宿根草
原産地 日本、朝鮮、中国
花　色 ✿
花長 1.5〜2cm　**草丈** 30〜60cm
開花期 4〜5月
特　徴 茎に角があり葉の腋から1〜2花ずつ垂れ下がる。美しい白斑葉の品種が人気。

エレモフィラ
Eremophila nivea
ホワイトツリー

ハマジンチョウ科　半耐寒性常緑低木
原産地 オーストラリア
花　色 ✿
花　径 3cm　**樹　高** 0.5〜1m
開花期 4〜5月
特　徴 葉と茎に白い短毛が密生して美しい銀白色になる。先が5つに裂けたつぼ形花。

クロユリ（黒百合）
Fritillaria camtschatcensis

ユリ科　耐寒性球根
原産地 日本を含むアジア北東部、北アメリカ
花　色 ✿
花　径 3.5cm　**草　丈** 20〜40cm
開花期 4〜5月
特　徴 高山型は小さく1輪しか咲かないが、低山型は大きく数輪咲かせる。

シラー・カンパヌラタ
Hyacinthoides hispanica
スパニッシュブルーベル

ユリ科　耐寒性球根
原産地 イベリア半島
花　色 ✿ ✿ ✿
花径 1.5〜2cm　**草　丈** 20〜40cm
開花期 4〜5月
特　徴 花穂を立ち上げて先が反り返ったつぼ形花を咲き上げる。成長が早く大株になる。

スノーフレーク
Leucojum aestivum
スズランズイセン（鈴蘭水仙）

ヒガンバナ科　耐寒性球根
原産地 ヨーロッパ東部〜南部
花　色 ✿
花　径 2cm　**草　丈** 30〜40cm
開花期 4〜5月
特　徴 花は6裂した先に緑の斑点模様があり、茎先から柄を出して吊り下がる。

花で見わける・つぼ形&筒形の花 春

ドイツスズラン
Convallaria majalis

ユリ科　耐寒性宿根草
原産地 ヨーロッパ
花　色
花径 0.5～1cm　**草丈** 20～30cm
開花期 4～5月
特　徴 葉とは別に花茎を伸ばし、鈴形の芳香花を吊り下げる。桃色花の変種がある。

ビグノニア
Bignonia capreolata

ツリガネカズラ（釣鐘葛）
ノウゼンカズラ科　耐寒性常緑つる性木本
原産地 北アメリカ
花　色
花径 3～4cm　**つるの長さ** 5m～
開花期 4～5月
特　徴 つるや吸盤で壁や柱などに張りついて登る。花はカレーの香りがする。

ホウチャクソウ（宝鐸草）
Disporum sessile

ハチクカ（淡竹花）
ユリ科　耐寒性宿根草
原産地 日本
花　色
花径 3cm　**草丈** 30～60cm
開花期 4～5月
特　徴 花を寺院や塔の軒に下げる飾りに見立てた。1～3花ずつまばらに吊り下がる。

ムベ（郁子）
Stauntonia hexaphylla

トキワアケビ
アケビ科　耐寒性常緑つる性木本
原産地 日本を含む東アジア
花　色
花径 3cm　**つるの長さ** 5m～
開花期 4～5月
特　徴 尖った花弁が大小3枚ずつつぼ形について先が広がる。花底に紫色の筋がある。

コリダリス'チャイナブルー'
Corydalis flexuosa 'China Blue'

ケシ科　耐寒性宿根草
原産地 中国四川省
花　色
花長 2.5cm　**草丈** 20～30cm
開花期 4～6月
特　徴 花茎の先に筒形の青い花を数個～10数個つける。葉は羽状に切れ込む。

コルムネア'スタバンガー'
Columnea 'Stavanger'

イワタバコ科　非耐寒性常緑つる性木本
原産地 熱帯アメリカ
花　色
花長 8～10cm　**つるの長さ** 30～50cm
開花期 4～6月
特　徴 枝はよく分枝してほふくし卵形の小さい葉をつける。吊り鉢に利用される。

花形で見わける ❀ つぼ形＆筒形の花　春

羽根突きの羽のような形におしゃれな配色が楽しい花。

フクシア
Fuchsia Hybrids

ホクシア、ウキツリソウ
アカバナ科　非耐寒性常緑低木
原産地 中央〜南アメリカ
花　色 🌸🌸🌸🌸🌼
花径 2〜5cm　**樹高** 20〜70cm
開花期 4〜6月
特　徴 花は筒形で垂れ下がり、基部をがくが美しく取り囲む。花形が多様な品種がある。

セリンセ
Cerinthe major

キバナルリソウ（黄花瑠璃草）
ムラサキ科　耐寒性1年草
原産地 地中海沿岸
花　色 🌸
花長 3〜4cm　**草丈** 30〜50cm
開花期 4〜6月
特　徴 茎先の葉が青紫色になり花とともに美しい。花は筒形で数個が垂れ下がって咲く。

ムラサキケマン（紫華鬘）
Corydalis incisa

ケシ科　耐寒性2年草
原産地 日本、中国
花　色 🌸
花長 1〜2cm　**草丈** 20〜50cm
開花期 4〜6月
特　徴 華鬘は仏殿の欄間飾りで花や葉のついた姿が似る。傷つけると臭い匂いを放つ。

ツキヌキニンドウ（突抜忍冬）
Lonicera sempervirens

スイカズラ科　耐寒性常緑つる性木本
原産地 北アメリカ東部
花　色 🌸
花長 4〜5cm　**つるの長さ** 5m〜
開花期 4〜10月
特　徴 丸い葉の中心を突き抜いて筒形の花を房状につける。花の内側としべは黄色い。

ウキツリボク（浮釣木）
Abutilon megapotamicum

チロリアンランプ
アオイ科　半耐寒性常緑つる性木本
原産地 ブラジル
花　色 🌸
花長 4cm　**つるの長さ** 3m〜
開花期 4〜11月
特　徴 垂れ下がったつぼ形の花の先から黄色い花弁と赤く長いしべが突き出る。

花形で見わける❀つぼ形&筒形の花 春

アカバナトチノキ（赤花栃の木）
Aesculus pavia

トチノキ科　耐寒性落葉低木
原産地 北アメリカ東部
花　色 ❀
花長 3〜4cm　**樹高** 3〜4m
開花期 5〜6月
特　徴 ベニバナトチノキ（マロニエ）の交配親とされ、赤い筒形花を穂状に咲かせる。

ゲットウ（月桃）
Alpinia zerumbet

アルピニア
ショウガ科　非耐寒性宿根草
原産地 インド
花　色 ❀
花長 3〜4cm　**草丈** 1〜3m
開花期 5〜6月
特　徴 株の間から花穂を垂れ下げ、赤い筋のある白花を咲かせる。黄斑入り葉もある。

コバノタツナミ（小葉の立浪）
Scutellaria indica var. parvifolia

ビロードタツナミ
シソ科　耐寒性宿根草
原産地 日本、朝鮮、中国、インドシナ
花　色 ❀❀
花長 1.5〜3cm　**草丈** 10〜20cm
開花期 5〜6月
特　徴 筒形の花を浪に見立てたタツナミソウの小型の変種。葉や茎には短毛が生える。

ナルコユリ（鳴子百合）
Polygonatum falcatum

ユリ科　耐寒性宿根草
原産地 日本、朝鮮、中国
花　色 ❀
花長 2cm　**草丈** 50〜80cm
開花期 5〜6月
特　徴 アマドコロによく似るが茎は丸く角がない。柄の先に1〜6花を吊り下げる。

カンパヌラ・ラプンクロイデス
Campanula rapunculoides

キキョウ科　耐寒性宿根草
原産地 ヨーロッパ
花　色 ❀❀
花径 2cm　**草丈** 0.6〜1.2m
開花期 5〜7月
特　徴 花穂を高く立ち上げて筒形花を咲き上げる。丈夫で太い根茎で這い広がる。

サンダーソニア
Sandersonia aurantiaca

クリスマスベル
ユリ科　耐寒性球根
原産地 南アフリカ
花　色 ❀
花長 3cm　**草丈** 70〜80cm
開花期 5〜7月
特　徴 上部の葉腋から長い柄を出し気球のような花をぶら下げる。切り花にも利用。

花形で見わける つぼ形&筒形の花 春

ジギタリス
Digitalis purpurea

キツネノテブクロ（狐の手袋）
ゴマノハグサ科　耐寒性宿根草（2年草）
原産地 ヨーロッパ
花　色
花長 3〜4cm　**草丈** 0.6〜1m
開花期 5〜7月
特　徴 花穂を立ち上げて筒形花を多数咲き上げる。乾燥した葉を強心利尿薬に利用。

フウリンソウ（風鈴草）
Campanula medium

ツリガネソウ（釣鐘草）
キキョウ科　耐寒性2年草（1年草）
原産地 バルカン半島北部
花　色
花長 3〜5cm　**草丈** 20〜60cm
開花期 5〜8月
特　徴 はっきりした釣鐘形の大輪花が多数咲くので豪華。中から長いしべがのぞく。

青紫の涼しげな花色で桃色や白花のほか二重咲きもある。

ホタルブクロ（蛍袋）
Campanula punctata

チョウチンバナ、トウロウバナ
キキョウ科　耐寒性宿根草
原産地 日本、朝鮮、中国
花　色
花長 4〜5cm　**草丈** 40〜80cm
開花期 5〜7月
特　徴 細長い茎先に先が5つに裂けた提灯形の花を吊り下げる。花色に濃淡がある。

エスキナンサス
Aeschynanthus speciosus

イワタバコ科　非耐寒性常緑つる性木本
原産地 マレーシア
花　色
花長 10cm　**つるの長さ** 30〜50cm
開花期 5〜8月
特　徴 茎先に筒形花が房状につき美しい。吊り鉢仕立てで花以外にも観葉として利用。

ペンステモン・スモーリー
Penstemon smallii

ゴマノハグサ科　耐寒性宿根草
原産地 北アメリカ東部
花　色
花長 3cm　**草丈** 50〜70cm
開花期 5〜8月
特　徴 筒形の花弁の下が3つに裂け白地に濃い色の筋が入る。全体に毛が生えている。

花形で見わける+つぼ形&筒形の花 春〜夏

ペンステモン'ハスカーズレッド'
Penstemon digitalis 'Husker's red'

ゴマノハグサ科　耐寒性宿根草
原産地 アメリカ東部と南西部
花　色 ❀
花　長 3cm　**草　丈** 50〜80cm
開花期 5〜8月
特　徴 新芽期と寒さに当たると葉が赤くなり美しい。たいへん丈夫で育てやすい。

イトラン（糸蘭）
Yucca filamentosa
ユッカ

リュウゼツラン科　耐寒性常緑低木
原産地 北アメリカ南部
花　色 ❀
花　長 5cm　**樹　高** 1〜1.5m
開花期 6〜8月
特　徴 葉は剣状で先が刺になる。つぼ形の花がシャンデリアのようについて豪華。

大型で葉が肉厚な近縁種のアツバキミガヨラン（厚葉君が代蘭）。

プレクトランサス'モナラベンダー'
Plectranthus 'Mona Lavender'

シソ科　半耐寒性宿根草（1年草）
原産地 交配種
花　色 ❀
花　長 2cm　**草　丈** 30〜70cm
開花期 5〜11月
特　徴 涼しげな青紫色の筒形花を穂状に咲かせる。花期が長く桃色や白花品種もある。

ザクロ（石榴）
Punica granatum

ザクロ科　耐寒性落葉小高木
原産地 小アジア
花　色 ❀
花　径 5cm　**樹　高** 5〜6m
開花期 6月
特　徴 枝には鋭い刺が多い。実は秋に熟し生食される。重弁のハナザクロもある。

サラサドウダン（更紗灯台）
Enkianthus campanulatus
フウリンツツジ（風鈴躑躅）

ツツジ科　耐寒性落葉低木
原産地 日本
花　色 ❀
花　長 1.5cm　**樹　高** 4〜5m
開花期 6〜7月
特　徴 花はつぼ形で赤地に白い筋が入り、長い柄の先に多数が束になって吊り下がる。

花形で見わける つぼ形&筒形の花 夏〜冬

コンフリー
Symphytum officinale

ヒレハリソウ（鰭張草）

ムラサキ科　非耐寒性宿根草
原産地 ヨーロッパ〜小アジア
花　色 🌸🌸🌼
花　径 1cm　**草　丈** 40〜90cm
開花期 6〜8月
特　徴 茎頂からつぼ形花を吊り下げる。かつて若葉が食用にされたが毒性がある。

ガルトニア
Galtonia candicans

ツリガネオモト（釣鐘万年青）

ユリ科　半耐寒性球根
原産地 南アフリカ
花　色 🌼
花　長 2cm　**草　丈** 1〜1.2m
開花期 7月
特　徴 葉と別に花穂を立ち上げ、つぼ形花を多数吊り下げる。花には少し香りがある。

ケローネ
Chelone obliqua

チェローネ、スピードリオン

ゴマノハグサ科　耐寒性宿根草
原産地 北アメリカ
花　色 🌸🌼
花　長 2cm　**草　丈** 40〜80cm
開花期 7〜10月
特　徴 直立した花茎の先に花穂をつけ筒形花を咲かせる。切り花に利用される。

ヘクソカズラ（屁糞葛）
Paederia scandens

ヤイトバナ、サオトメカズラ

アカネ科　耐寒性つる性宿根草
原産地 日本を含む東アジア
花　色 🌼
花径 1cm　**つるの長さ** 3m〜
開花期 8〜9月
特　徴 筒形の白花で中心と内側が赤い。名前ほどの臭みはない。実は秋に黄色く熟す。

アロエ
Aloe arborescens

イシャイラズ（医者いらず）

ユリ科　半耐寒性宿根草
原産地 南アフリカ
花　色 🌺
花　径 4cm　**草　丈** 1〜3m
開花期 11〜2月
特　徴 樹木状に立ち上がり葉挿しでよく殖える。薬用や健康食品として利用が多い。

エリカ'クリスマスパレード'
Erica×hiemalis 'Christmas Parade'

ツツジ科　半耐寒性常緑低木
原産地 交配種
花　色 🌸
花　径 2〜3cm　**樹　高** 60cm
開花期 11〜3月
特　徴 エリカの代表品種として冬の鉢物に利用。長い花穂に筒形花を咲き上げる。

花形で見わける
蝶形 & 左右対称の花

バンダ
Vanda Hybrids

ヒスイラン（翡翠蘭）
ラン科　非耐寒性常緑多年草
原産地 東南アジア、オーストラリア
花　色 🌸✿✿✿
花径 5～10cm　**草丈** 20～200cm
開花期 1～12月（不定期）
特　徴 木の上に着生するラン。茎が太く葉は2列につく。花弁に濃色の網目模様が入る。

ローズマリー
Rosmarinus officinalis

マンネンロウ
シソ科　耐寒性常緑低木
原産地 地中海沿岸
花　色 ✿✿✿
花　径 1cm　**樹　高** 50～90cm
開花期 1～4・7～12月
特　徴 薬用、香辛料として用いられる代表的なハーブ。枝は古株になると垂れ下がる。

コチョウラン（胡蝶蘭）
Phalaenopsis Hybrids

ファレノプシス
ラン科　非耐寒性常緑多年草
原産地 アジアの熱帯～亜熱帯
花　色 ✿✿✿✿
花径 2～10cm　**草丈** 20～80cm
開花期 1～3月
特　徴 冬を中心に高級贈答花の代表的存在。花の大小からさまざまな花色の品種がある。

デンドロビウム
Dendrobium Hybrids

デンドロビウム・ノビル系
ラン科　非耐寒性常緑多年草
原産地 東南アジア
花　色 ✿✿✿✿✿
花径 2～5cm　**草丈** 20～70cm
開花期 2～4月
特　徴 仲間は多いがノビル系が花色豊富で花もちよく冬から春の鉢花として多く出回る。

デンファレ
Dendrobium phalaenopsis

デンドロビウム・ファレノプシス
ラン科　非耐寒性多年草
原産地 チモールおよび周辺
花　色 ✿✿✿✿
花　径 68cm　**草　丈** 50～60cm
開花期 2～4月
特　徴 切り花用に改良された品種群。花茎を弓なりに伸ばし多花性で花もちがよい。

花形で見わける † 蝶形＆左右対称の花　春

シザンサス
Schizanthus×wisetonensis
コチョウソウ（胡蝶草）
ナス科　半耐寒性1年草
原産地 チリ
花　色 🌸🌸🌸🌸🌸
花径 3〜4cm　**草丈** 15〜40cm
開花期 3〜5月
特　徴 ランに似た花形でプアマンズオーキッド（貧乏人のラン）とも呼ばれる。

ネメシア
Nemesia strumosa
ウンランモドキ
ゴマノハグサ科　非耐寒性1年草
原産地 南アフリカ
花　色 🌸🌸🌸🌸🌸🌸
花径 3〜5cm　**草丈** 15〜30cm
開花期 3〜5月
特　徴 よく分枝して多彩な花をたくさんつける。花の小さい宿根草タイプもある。

カラスノエンドウ（烏野豌豆）
Vicia angustifolia var.segetalis
ヤハズエンドウ
マメ科　耐寒性2年草
原産地 日本
花　色 🌸
花径 1.5〜2cm　**草丈** 30〜60cm
開花期 3〜6月
特　徴 茎先の葉は巻きひげとなって絡みつく。ソラマメの仲間で花後さやができる。

シュンラン（春蘭）
Cymbidium goeringii
ジジババ、ホクロ
ラン科　耐寒性常緑宿根草
原産地 日本、中国
花　色 🌸
花径 3〜4cm　**草丈** 15〜20cm
開花期 3〜4月
特　徴 花茎の先に1花をつける春に咲く野生ランの代表。花には芳香がある。

エビネ（海老根）
Calanthe discolor
ジエビネ
ラン科　耐寒性宿根草
原産地 日本
花　色 🌸🌸🌸🌸🌸
花径 2〜3cm　**草丈** 20〜40cm
開花期 4〜5月
特　徴 エビに似た塊根から名がついた。花色は変化が多く多数の品種が作られている。

エンドウ（豌豆）
Pisum sativum
サヤエンドウ、グリーンピース
マメ科　耐寒性つる性1年草
原産地 エチオピア〜中央アジア
花　色 🌸🌸
花径 2.5〜3cm　**つるの長さ** 2m〜
開花期 4〜5月
特　徴 古代ギリシア時代に栽培されていた。豆のほか未熟な莢（さや）も食べられる。

139

花形で見わける ✿ 蝶形＆左右対称の花 春

キエビネ（黄海老根）
Calanthe sieboldii

オオエビネ

ラン科　耐寒性宿根草
原産地 日本
花 色 🌼
花径 3～4cm　**草丈** 30～70cm
開花期 4～5月
特 徴 エビネより花も葉も草丈も大きい。花色が明るいので人気。西日本に多く分布。

スミレ（菫）
Viola mandshurica

スモウグサ

スミレ科　耐寒性宿根草
原産地 日本、朝鮮、中国
花 色 ✿ ✿
花径 2～2.5cm　**草丈** 7～15cm
開花期 4～5月
特 徴 花の後方に細長く突き出た距（きょ）があり、葉柄には広い翼がある。

タチツボスミレ（立坪菫）
Viola grypoceras

スミレ科　耐寒性宿根草
原産地 日本
花 色 ✿
花径 1.5～2cm　**草丈** 5～15cm
開花期 4～5月
特 徴 花後に茎は高さ30cmほどに伸びる。葉はハート形。花色や花形に変異が大きい。

アルストロメリア
Alstroemeria Hybrids

ユリズイセン、インカリリー

ユリ科　耐寒性球根
原産地 南アメリカ
花 色 ✿ ✿ ✿ ✿ ✿
花径 4～6cm　**草丈** 30～100cm
開花期 4～6月
特 徴 耐寒性のある複数のチリ原産種を交配した品種群。花弁に黒い筋模様がある。

ケマンソウ（華鬘草）
Dicentra spectabilis

タイツリソウ

ケシ科　耐寒性宿根草
原産地 アジア北東部
花 色 ✿ ✿
花径 2～3cm　**草丈** 40～60cm
開花期 4～6月
特 徴 コマクサの仲間でハート形の花が連なってぶら下がる。根は多肉質で太い。

スイートピー
Lathyrus odoratus

ジャコウレンリソウ

マメ科　耐寒性つる性1年草
原産地 イタリア
花 色 ✿ ✿ ✿ ✿ ✿
花径 3～6cm　**つるの長さ** 0.3～2m
開花期 4～6月
特 徴 花は甘い香りがあり花色も豊富なことから切り花に利用される。茎に翼がある。

花形で見わける✿蝶形&左右対称の花 春

ミムラス
Mimulus×hybridus

モンキーフラワー

ゴマノハグサ科　半耐寒性宿根草（1年草）
原産地 南北アメリカ原産種の雑種
花　色 🌸🌸🌸🌸🌸
花径 3〜5cm **草丈** 10〜40cm
開花期 4〜6月
特　徴 鮮やかな色彩の宿根草だが、乾燥と高温、寒さに弱いので1年草扱いされる。

キンギョソウ（金魚草）
Antirrhinum majus

スナップドラゴン

ゴマノハグサ科　耐寒性宿根草（1年草）
原産地 地中海沿岸
花　色 🌸🌸🌸🌸🌸
花径 3〜5cm **草丈** 15〜100cm
開花期 4〜7・9〜10月
特　徴 短命な宿根草で1年草扱いされる。花穂を立ち上げて金魚に似た花を咲き上げる。

ベゴニア・センパフローレンス
Begonia semperflorens

シュウカイドウ科　非耐寒性宿根草（1年草）
原産地 南アメリカ
花　色 🌸🌸🌸
花径 2〜5cm **草丈** 15〜40cm
開花期 4〜10月
特　徴 冬でも室内で10℃以上あれば花が咲き続ける。葉が銅色のものもある。

ロベリア・エリヌス
Lobelia erinus

ルリチョウソウ（瑠璃蝶草）

キキョウ科　非耐寒性宿根草（1年草）
原産地 南アフリカ
花　色 🌸🌸🌸
花　径 2cm **草　丈** 10〜25cm
開花期 4〜6月
特　徴 多花性で花が丈低い株を覆いマウンドになる。宿根草だが1年草扱いされる。

アイビーゼラニウム
Pelargonium Ivy-leaved Group

ツタバゼラニウム

フウロソウ科　半耐寒性宿根草
原産地 南アフリカ
花　色 🌸🌸🌸🌸
花径 3〜4cm **草丈** 30〜50cm
開花期 4〜7・9〜11月
特　徴 茎がつるのように伸びよじ登る。ツタに似た葉が観葉植物としても利用される。

ディアスシア
Diascia Hybrids

ゴマノハグサ科　半耐寒性宿根草
原産地 南アフリカ
花　色 🌸🌸
花　径 2cm **草　丈** 10〜20cm
開花期 4〜10月
特　徴 花は5裂し下の弁が大きい。花の後ろに細長く突き出た距（きょ）がある。

花形で見わける☘蝶形＆左右対称の花　春

トレニア
Torenia fournieri

ナツスミレ、ハナウリクサ
ゴマノハグサ科　非耐寒性1年草
原産地 東南アジア
花　色 🌸🌸🌸🌸
花　径 3㎝　草　丈 20〜30㎝
開花期 4〜10月
特　徴 口を大きく開いた花には舌のような黄色い模様があり、白いしべが飛び出す。

サルビア・ミクロフィラ
Salvia microphylla

チェリーセージ
シソ科　耐寒性宿根草
原産地 中央アメリカ
花　色 🌸🌸
花　径 0.5㎝　草　丈 0.6〜1m
開花期 4〜11月
特　徴 大きくなると低木状になる。下の弁が白い2色咲きの品種'ホットリップス'がある。

エニシダ（金雀枝）
Cytisus scoparius

エニスダ
マメ科　耐寒性落葉低木
原産地 地中海沿岸
花　色 🌸
花　径 1〜2㎝　樹高 1〜3m
開花期 5月
特　徴 上部で分枝して枝垂れる。両脇の花弁が赤い品種'ホオベニエニシダ'がある。

シラン（紫蘭）
Bletilla striata

ベニラン（紅蘭）
ラン科　耐寒性宿根草
原産地 日本、台湾、中国
花　色 🌸🌸🌸
花　径 4㎝　草　丈 30〜40㎝
開花期 5〜6月
特　徴 丈夫な地生ラン。葉は剣状で根元は球状の塊茎がある。細長い花穂が咲き上がる。

ユキノシタ（雪の下）
Saxifraga stolonifera

ユキノシタ科　耐寒性宿根草
原産地 日本、中国
花　色 🌸
花　径 1.5〜2㎝　草　丈 20〜50㎝
開花期 5〜6月
特　徴 葉脈に沿って白い筋が入る丸葉は、やけどの治療に効き天ぷらなど食用ともされる。

レーマンニア
Rehmannia elata

レーマニア
ゴマノハグサ科　耐寒性宿根草
原産地 中国
花　色 🌸
花　径 4〜5㎝　草　丈 0.5〜1m
開花期 5〜6月
特　徴 筒形の花の先が5つに大きく裂け、喉部に斑点模様がある。花色に濃淡がある。

花形で見わける✿蝶形＆左右対称の花 春

ローズゼラニウム
Pelargonium graveolens
センテッドゼラニウム
フウロソウ科　半耐寒性宿根草
原産地 南アフリカ
花　色 🌸
花径 2〜3cm　**草丈** 60〜90cm
開花期 5〜6月
特　徴 切れ込んだ葉にバラの香りがありパンケーキなどにハーブとして利用される。

イソトマ
Laurentia axillaries
ラウレンティア
キキョウ科　非耐寒性宿根草（1年草）
原産地 オーストラリア
花　色 🌸🌼🟣🤍
花径 3〜4cm　**草丈** 20〜40cm
開花期 5〜9月
特　徴 花弁の下3枚の基部に黄色い模様がある。葉の乳液に触れるとかぶれるので注意。

アンゲロニア
Angelonia salicariifolia
ゴマノハグサ科　非耐寒性宿根草（1年草）
原産地 メキシコ、西インド諸島
花　色 🌸🟣🤍
花径 2cm　**草丈** 30〜60cm
開花期 5〜10月
特　徴 花期の長い宿根草だが寒さに弱いので日本では1年草扱いされる。

インパチエンス
Impatiense walleriana
アフリカホウセンカ
ツリフネソウ科　非耐寒性宿根草（1年草）
原産地 アフリカ東部
花　色 🌸🧡🟣🟠🤍
花径 2〜5cm　**草丈** 20〜30cm
開花期 5〜10月
特　徴 花は大小のある6弁で一重のほか八重もあり、初夏から秋まで長く咲き続ける。

花壇の定番だが花色が豊富なのでプランターや寄せ植えなどにも利用が多い。

クロサンドラ
Crossandra infundibuliformis
ジョウゴバナ、ヘリトリオシベ
キツネノマゴ科　非耐寒性常緑低木
原産地 インド
花　色 🌼🟡
花径 3cm　**樹高** 0.5〜1m
開花期 5〜10月
特　徴 枝先に綿毛のある花穂をつくり扇形の花を咲かせる。鉢物で出回る。

143

花形で見わける † 蝶形＆左右対称の花 春〜夏

ニューギニアインパチエンス
Impatiense New Guinea Group

ツリフネソウ科　非耐寒性宿根草（1年草）
原産地 ニューギニア
花　色 🌸🌺🌸🌺🤍
花径 5〜7cm　**草丈** 30〜50cm
開花期 5〜10月
特　徴 インパチエンスより大きい雑種起源の宿根草だが、性質が弱く1年草扱い。

ホテイアオイ（布袋葵）
Eichhornia crassipes

ウォーターヒアシンス
ミズアオイ科　非耐寒性宿根草
原産地 熱帯アメリカ
花　色 🌸
花　径 4cm　**草丈** 20cm
開花期 6〜8月
特　徴 ふくらんだ葉柄で水に浮遊し、涼しげで美しい一日花を咲かせる。

ツユクサ（露草）
Commelina communis

ボウシバナ（帽子花）
ツユクサ科　耐寒性1年草
原産地 日本
花　色 🟦
花径 1.5〜2cm　**草丈** 30〜50cm
開花期 6〜9月
特　徴 花の色素が水に溶けるので染め物の下書きに利用。花は舟形の苞の中から咲く。

ホウセンカ（鳳仙花）
Impatiens balsamina

ツマクレナイ（爪紅）
ツリフネソウ科　非耐寒性1年草
原産地 インド、中国南部
花　色 🌸🌺🌸🌺🤍
花径 3〜5cm　**草丈** 20〜70cm
開花期 6〜9月
特　徴 花は上部の葉の腋に咲く。実は熟すとはじけてタネを遠くに跳ばす。

ヤマハギ（山萩）
Lespedeza bicolor

マメ科　耐寒性落葉低木
原産地 日本、アジア東北部
花　色 🌸
花径 1.2〜1.5cm　**樹高** 1〜2m
開花期 6〜9月
特　徴 幹は立ち上がって細い枝を伸ばし花序をつける。山野に最も普通に生える。

クレオメ
Cleome hassleriana

スパイダープラント
フウチョウソウ科　非耐寒性1年草
原産地 熱帯アメリカ
花　色 🌸🌺🌸🤍
花　径 3cm　**草丈** 0.6〜1m
開花期 6〜10月
特　徴 花から4本の雄しべが長く飛び出る。株全体に粘り気のある毛が生えている。

花形で見わける ✿ 蝶形&左右対称の花 夏

ガウラ
Gaura lindheimeri

ハクチョウソウ（白鳥草）
アカバナ科　耐寒性宿根草
原産地 北アメリカ
花　色 🌸🌸
花 径 3 cm　**草 丈** 0.4〜1 m
開花期 6〜11月
特　徴 細い花茎に花穂をつけて鳥のような花を咲かせる。暑さに強く花期が長い。

風が吹くと白い蝶が飛び交うようなにぎやかな雰囲気。

カンナ
Cannna×generalis

ハナカンナ
カンナ科　半耐寒性球根
原産地 熱帯アメリカ
花　色 🌸🌸🌸🌸🌸
花 径 7〜12 cm　**草 丈** 0.5〜1.5 m
開花期 6〜11月
特　徴 花穂をつくり3枚の大きい花弁の花を咲かせる。葉は大きく斑入りの品種もある。

サギソウ（鷺草）
Habenaria radiata

ラン科　非耐寒性球根
原産地 メキシコ
花　色 🌸
花 径 3 cm　**草 丈** 20〜30 cm
開花期 7〜8月
特　徴 湿地に生える野草で鷺に似た繊細な花を咲かせる。ミズゴケに植えて管理する。

ベニバナサワギキョウ（紅花沢桔梗）
Lobelia cardinalis

キキョウ科　耐寒性宿根草
原産地 北アメリカ中〜東部
花　色 🌸
花 径 3〜4 cm　**草 丈** 60〜90 cm
開花期 7〜9月
特　徴 茎先の花穂に先が5裂した花を咲かせる。水を好み水草としても扱われる。

サワギキョウ（沢桔梗）
Lobelia sessilifolia

キキョウ科　耐寒性宿根草
原産地 日本、朝鮮、中国
花　色 🌸
花 径 4 cm　**草 丈** 0.4〜1 m
開花期 8〜9月
特　徴 山地の湿った場所に生える野草。花茎上部の葉の腋に鳥のような花を咲かせる。

花形で見わける ✿ 蝶形＆左右対称の花 夏〜秋

ミヤギノハギ（宮城野萩）
Lespedeza thunbergii

イトハギ、ナツハギ
マメ科　耐寒性落葉低木
原産地 日本
花　色 ✿
花　径 1.5cm　樹 高 1〜2m
開花期 8〜9月
特　徴 ケハギの変種とされる。枝が著しく枝垂れ、花をたくさんつけるので栽培が多い。

ジンジャー
Hedychium coronarium

ジンジャーリリー
ショウガ科　半耐寒性宿根草
原産地 インド
花　色 ✿
花　径 7〜8cm　草丈 1〜2m
開花期 8〜10月
特　徴 蝶に似た花は芳香があり葉は大きく裏に綿毛が生える。地下に太った根茎がある。

オンシジウム
Oncidium Hybrids

バタフライオーキッド
ラン科　非耐寒性多年草
原産地 中南米
花　色 ✿✿✿✿
花　径 2〜8cm　草丈 0.2〜2m
開花期 8〜12月
特　徴 種類は多いが、鉢植えや切り花で出回る黄花の多花性品種は花径2〜3cm。

ダイモンジソウ（大文字草）
Saxifraga fortunei var.incisolobata

ユキノシタ科　耐寒性宿根草
原産地 日本、中国
花　色 ✿✿✿
花　径 2cm　草丈 10〜20cm
開花期 9〜11月
特　徴 山地の湿った岩上に生える野草。花序をつくり5弁花を大の字形に広げる。

カトレア
Cattleya Hybrids

ラン科　非耐寒性多年草
原産地 中南米
花　色 ✿✿✿✿✿✿✿
花　径 3〜20cm　草丈 15〜50cm
開花期 10〜2月
特　徴 花が多様多彩な着生ラン。品種が多く下の弁（唇弁）が大きく張り出すものが多い。

ハツコイソウ（初恋草）
Leschenaultia spp.

レケナウルティア
クサトベラ科　半耐寒性常緑低木
原産地 オーストラリア
花　色 ✿✿✿✿✿
花　径 2cm　樹 高 10〜15cm
開花期 10〜4月
特　徴 低木だが丈が低く夏の暑さに弱いので宿根草扱いされる。花は5裂して蝶に似る。

花形で見わける ❀ 蝶形＆左右対称の花 秋〜冬

初冬から初夏まで花期が長くさまざまな花と組み合わせて使うことができる。

パンジー＆ビオラ
Viola×wittrockiana

サンシキスミレ（三色菫）
スミレ科　耐寒性1年草
原産地 ヨーロッパ中北部
花　色 ❀❀❀❀❀❀❀
花　径 2〜12cm
草　丈 10〜30cm
開花期 10〜5月
特　徴 複数の原種を交配した園芸品種。ほとんどすべての花色がそろっている。

花径4cm以上をパンジー、4cm以下で株が立ち上がるものをビオラと呼ぶが、現在ではそれほど区別されていない。

シャコバサボテン
Schlmbergera Hybrids

クリスマスカクタス
サボテン科　非耐寒性多年草
原産地 ブラジル
花　色 ❀❀❀❀❀❀
花　径 5cm　草丈 0.4〜1m
開花期 11〜1月
特　徴 熱帯雨林の岩上に着生する。花は細い花弁が反り返って飛ぶ鳥の姿に似ている。

シンビジウム
Cymbidium Hybrids

ラン科　非耐寒性多年草
原産地 東南アジア、中国
花　色 ❀❀❀❀❀❀❀
花径 3〜12cm　草丈 0.3〜1.5m
開花期 11〜3月
特　徴 花つき花もちがよく冬から春の鉢花として人気。大小や花色の違う品種が多数。

パフィオペディルム
Paphiopedilum spp.

スリッパオーキッド
ラン科　非耐寒性多年草
原産地 熱帯アジア
花　色 ❀❀❀❀❀❀
花径 5〜15cm　草丈 20〜50cm
開花期 12〜6月
特　徴 おもに地生し岩上にも生える。弁が袋状になる花が1茎に1〜数花つく。

花形で見わける
舟形 & 松笠形の花

シマサンゴアナナス
Aechmea fasciata

パイナップル科　非耐寒性常緑多年草
原産地 ブラジル南東部
花　色 ❀
花　径 8～10cm　**草　丈** 50cm
開花期 1～12月
特　徴 花は尖った苞の集まった花序の間から咲く。開花調整により鉢物で周年出回る。

カラテア・クロカータ
Calathea crocata

クズウコン科　非耐寒性常緑多年草
原産地 ブラジル
花　色 ❀❀
花序長 3cm　**草　丈** 20～30cm
開花期 2～4月
特　徴 らせん状についた苞が美しい。葉の表には濃色の筋模様があり裏は紫色となる。

カルセオラリア
Calceolaria Herveohybrida Group
キンチャクソウ（巾着草）

ゴマノハグサ科　半耐寒性1年草
原産地 メキシコ～ペルー
花　色 ❀❀❀
花　径 2～6cm
草　丈 20～40cm
開花期 2～5月
特　徴 大きな袋状の花弁が目立つ園芸品種。大輪で派手な花色のものが鉢物にされる。

花には細かい模様や斑点がある。下は小輪系の原種のカルセオラリア・ルゴサ。

ハンカチツリー
Davidia involucrata

ダビディア、ハトノキ

ダビディア科　耐寒性落葉高木
原産地 中国
花　色 ❀
花　径 7～15cm　**樹高** 15mになる
開花期 4～5月
特　徴 花を包む大小2枚の白い苞が美しい。花は球状で長い柄の先に垂れ下がる。

花形で見わける 🌸 舟形＆松笠形の花　春

ストレリチア
Strelitzia reginae
ゴクラクチョウカ（極楽鳥花）
バショウ科　非耐寒性多年草
原産地 南アフリカ
花　色 🟠🟡
花 径 20㎝　**草 丈** 1～2m
開花期 4～10月
特　徴 鳥のくちばしに似た苞から尖った花弁が立ち上がる。葉は大きくバショウに似る。

ハナアナナス
Tillandsia cyanea
チランジア・キアネア
パイナップル科　非耐寒性多年草
原産地 エクアドル南部
苞　色 🌸
苞 長 10～15㎝　**草 丈** 30㎝
開花期 4～12月
特　徴 エアープランツの仲間でピンクの平たい苞が美しい。花は紫色で苞の間から咲く。

オランダカイウ
Zantedeschia aethiopica
カラー
サトイモ科　耐寒性球根
原産地 南アフリカ
苞　色 ⚪🍀
苞 径 15～20㎝　**草 丈** 90㎝
開花期 5～6月
特　徴 黄色い棍棒状の花を舟形の苞が包む。一般にカラーと呼ばれる。湿地を好む。

キングプロテア
Protea cynaroides
ジャイアントプロテア
ヤマモガシ科　非耐寒性常緑低木
原産地 南アフリカ
苞　色 🌸❤
花径 20～30㎝　**樹高** 1～2m
開花期 5～6月
特　徴 細く尖った苞が美しく取り囲む。花は中央で目立たない。南アフリカの国花。

キバナカイウ（黄花海芋）
Zantedescia elliottiana
ゴールデンカラー
サトイモ科　耐寒性球根
原産地 南アフリカ
苞　色 🟡
苞 径 15㎝　**草 丈** 60～90㎝
開花期 5～7月
特　徴 葉は先の尖った大きなハート形で、白または半透明の斑点がある。

コバンソウ（小判草）
Briza maxima
タワラムギ、ブリザ
イネ科　耐寒性一年草
原産地 ヨーロッパ
花　色 🍀
花径 1～2㎝　**草丈** 40～50㎝
開花期 5～7月
特　徴 茎頂にまばらな花序から短い柄を出して、楕円形の穂をたくさん吊り下げる。

149

花形で見わける・舟形＆松笠形の花 春

スイカズラ（吸い葛）
Lonicera japonica

ニンドウ
スイカズラ科　耐寒性半常緑つる性木本
原産地 日本、東アジア
花　色 ✿
花径 3〜4cm　つるの長さ 3m〜
開花期 5〜7月
特　徴 船の帆のような花は芳香がある。咲くにつれ花色が白から黄色に変わる。

グロッバ
Globba winitii

シャムの舞姫
ショウガ科　非耐寒性球根
原産地 東南アジア
苞　色 ✿✿✿
花序長 15cm　草丈 50cm
開花期 5〜8月
特　徴 花茎を垂れ下げてピンクの苞を連ねた中から細長い黄色い小花を咲かせる。

アンスリウム
Anthurium andraeanum

オオベニウチワ（大紅団扇）
サトイモ科　非耐寒性多年草
原産地 コロンビア、エクアドル
苞　色 ✿✿✿✿✿
苞径 5〜20cm　草丈 30〜50cm
開花期 5〜10月
特　徴 艶のあるハート形の苞が美しい。花序は黄色の棒状で苞の中央から突き出る。

グズマニア
Guzmania lingulata

パイナップル科　非耐寒性多年草
原産地 中央アメリカ、西インド諸島、ブラジル
苞　色 ✿✿✿✿
苞径 10〜15cm　草丈 30〜50cm
開花期 5〜10月
特　徴 尖ったへら状の苞が重なり美しいロゼットをつくる。カラフルな品種が多数ある。

パキスタキス'ルテア'
Pachystachys lutea

キツネノマゴ科　非耐寒性常緑低木
原産地 ペルー
苞　色 ✿
花序長 10cm　草丈 0.5〜1m
開花期 5〜10月
特　徴 黄色い苞が連なった穂を立ち上げて筒状の白花を咲かせる。苞は観賞期間が長い。

ベロペロネ
Justicia brandegeeana

コエビソウ（小海老草）
キツネノマゴ科　非耐寒性常緑低木
原産地 メキシコ
苞　色 ✿✿✿
花序長 7〜10cm　草丈 0.3〜1m
開花期 5〜11月
特　徴 苞が重なってエビのようになり先から白い筒状花が咲く。茎や葉に綿毛がある。

花形で見わける 舟形&松笠形の花 春〜夏

ブーゲンビレア
Bougainvillea Hybrids
イカダカズラ

オシロイバナ科 半耐寒性常緑つる性木本
原産地 ブラジル
苞 色 🌸🌸🌸🌸🌸🌸
苞径 3㎝ **つるの長さ** 5m〜
開花期 5〜10月
特 徴 3枚の花弁のような苞が白い管状の花を包む。つるの刺を利用して這い上る。

苞の色は多彩。八重咲きや斑入り葉の品種もある。

ハイブリッドカラー
Zantedeschia Hybrids

サトイモ科 半耐寒性球根
原産地 南アフリカ
苞 色 🌸🌸🌸🌸🌸🌸🌸
苞径 5〜10㎝ **草丈** 30〜80㎝
開花期 6〜7月
特 徴 キバナカイウほか数種の交雑による品種群。花を囲む苞の色が鮮やかで人気。

オオインコアナナス
Vriesea×poelmannii

パイナップル科 非耐寒性多年草
原産地 熱帯アメリカ
苞 色 🌸🌸
花序長 10〜30㎝ **草丈** 40〜50㎝
開花期 6〜8月
特 徴 交配による品種群。鮮やかな色の花苞を観賞する観葉鉢物として出回る。

ハンゲショウ（半夏生）
Saururus chinensis
カタシログサ（片白草）

ドクダミ科 耐寒性宿根草
原産地 日本、朝鮮、中国
頂部葉色 🌸
葉長 5〜10㎝ **草丈** 0.6〜1m
開花期 6〜8月
特 徴 夏至から11日目の半夏生の頃開花し、頂部の葉が白くなる。独特の臭気がある。

アメリカデイコ
Erythrina crista-galli
カイコウズ、エリスリナ

マメ科 半耐寒性落葉低木
原産地 ブラジル
花 色 🌸
花径 5㎝ **樹高** 1〜5m
開花期 6〜9月
特 徴 枝先に花序をつくり舟形の赤い花を夏を通して咲かせる。江戸時代に渡来した。

花形で見わける🌸舟形＆松笠形の花 夏

コンロンカ（崑崙花）
Mussaenda parviflora
ムッサンダ
アカネ科　非耐寒性半つる性低木
原産地 種子島、沖縄、台湾
花 色 ✿
花径 2〜4cm　**樹高** 1〜1.5m
開花期 6〜9月
特　徴 花は白く大きい花弁と黄色い星形の花冠からなる。立ち上がってつるを伸ばす。

センニチコウ（千日紅）
Gomphrena globosa
センニチソウ
ヒユ科　非耐寒性一年草
原産地 熱帯アメリカ
苞 色 ✿✿✿✿✿
苞径 2〜3cm　**草丈** 15〜60cm
開花期 6〜10月
特　徴 球状の苞がよく目立つ。花は小さく目立たない。ドライフラワーに利用される。

花が終わっても苞は長く残る。下は苞が橙黄色のやや大型の別種キバナセンニチコウ。

スパティフィルム
Spathiphyllum Hybrids
サトイモ科　非耐寒性多年草
原産地 熱帯アメリカ
苞 色 ✿
苞長 8〜12cm　**草丈** 30〜80cm
開花期 6〜9月
特　徴 花を囲む楕円形の苞が白く大きくよく目立つ。観葉鉢物として周年出回る。

ワレモコウ（吾亦紅）
Sanguisorba officinalis
バラ科　耐寒性宿根草
原産地 日本、アジア温帯
花 色 ✿
花序長 1〜2cm　**草丈** 0.3〜1.5m
開花期 6〜10月
特　徴 細い茎がよく分かれて先に松笠形の花穂をつける。渋い風情が茶花に好まれる。

アフェランドラ'ダニア'
Aphelandra squarrosa 'Dania'
ゼブラプラント
キツネノマゴ科　非耐寒性常緑低木
原産地 ブラジル
苞 色 ✿
花序長 5〜8cm　**樹高** 30cm
開花期 7〜8月
特　徴 黄色い苞が美しく観葉鉢物として出回る。葉の葉脈に沿って白い縞模様がある。

花形で見わける † 舟形 & 松笠形の花 夏～秋・冬

チーゼル
Dipsacus fullonum

ラシャカキグサ、オニナベナ
マツムシソウ科　耐寒性2年草
原産地 ヨーロッパ、アジア
花序色 🟢　**花 色** 🟢
花序長 10cm　**草 丈** 1～2m
開花期 7～9月
特　徴 茎も花序も刺が多くラシャの起毛に利用された。ドライフラワーでも利用される。

ウコン（鬱金）
Curcuma longa

ターメリック
ショウガ科　耐寒性球根
原産地 熱帯アジア
苞　色 ⚪　**花　色** 🟡
花序長 15cm　**草 丈** 90cm
開花期 8～9月
特　徴 球根はカレーの原料などの香辛料。花序の先の苞が白く、花は黄色で目立たない。

トリカブト（鳥兜）
Aconitum carmichaelii

アコニタム、ハナトリカブト
キンポウゲ科　耐寒性宿根草
原産地 中国
花　色 🟣⚪
花　長 2～3cm　**草 丈** 1m
開花期 8～10月
特　徴 細長い兜のような袋状の花。毒草として有名だが薬用にも利用されてる。

クルクマ'シャローム'
Curcuma alismatifolia

ショウガ科　非耐寒性球根
原産地 タイ
花 & 苞色 🌸
花序長 15cm　**草 丈** 80cm
開花期 8～10月
特　徴 花茎の先にピンクの苞の美しい花序をつける。鉢物のほか切り花にも利用される。

シクラメン
Cyclamen persicum

カガリビバナ
サクラソウ科　半耐寒性球根
原産地 地中海沿岸
花　色 🌸❤⚪
花　長 5cm　**草 丈** 30～50cm
開花期 10～4月
特　徴 花は下向きに咲き5枚の花弁が反り返る。葉はハート形で銀色の模様がある。

ポインセチア
Euphorbia pulcherrima

トウダイグサ科　非耐寒性常緑低木
原産地 メキシコ
苞　色 🌸❤🟡⚪
苞　長 10～20cm　**樹 高** 0.2～1m
開花期 11～3月
特　徴 枝先の粒状の花の周りの苞が美しく色づく。寒さに弱く日当たりを好む。

153

花形で見わける
はたき形の花

シキミ（樒）
Illicium anisatum

ハナノキ

シキミ科　耐寒性常緑低木
原産地 日本、台湾、中国
花　色 🌸
花径 2〜3cm　**樹高** 2〜5m
開花期 2〜3月
特　徴 仏事に使われ神社や墓地に植えられることが多い。有毒で特に実は猛毒がある。

マンサク（満作）
Hamamelis japonica

マンサク科　耐寒性落葉低木
原産地 日本
花　色 ⭐
花径 4cm　**樹高** 2〜5m
開花期 2〜3月
特　徴 長細い4弁の花を短い枝に数個かためて咲かせる。秋の黄葉も美しい。

ショウジョウバカマ（猩々袴）
Heloniopsis orientalis

カンザシバナ（簪花）

ユリ科　耐寒性宿根草
原産地 日本を含む東アジア
花　色 🌸❀
花径 3〜4cm　**草丈** 20〜30cm
開花期 3〜4月
特　徴 ピンクの花を猩々の顔に葉を袴に見立てた。湿地に生える野草。鉢物で出回る。

シデコブシ（四手辛夷）
Magnolia stellata

ヒメコブシ（姫辛夷）

モクレン科　耐寒性落葉低木
原産地 日本
花　色 🌸❀
花径 7〜10cm　**樹高** 2〜5m
開花期 3〜4月
特　徴 花は細長い12〜18弁で芳香がある。高くならないので庭木として人気が高い。

枝は細く上部でよく分かれる。上は桃色花の変種ベニコブシ。

花形で見わける・はたき形の花

トキワマンサク（常磐満作）
Loropetalum chinense

赤花のアカバナトキワマンサクや桃色の品種が人気。

マンサク科　耐寒性常緑小高木
原産地 日本、台湾、中国
花　色 🌸🌸🌼
花径 3〜4cm　**樹高** 3〜8m
開花期 4〜5月
特　徴 4弁花がかたまって咲く。基本種は白だが赤や桃色の花が人気。銅葉品種もある。

ヒトツバタゴ（一葉桜）
Chionanthus retusus

ナンジャモンジャノキ

モクセイ科　耐寒性落葉高木
原産地 日本、朝鮮、台湾、中国
花　色 🌼
花径 3〜4cm　**樹高** 3〜20m
開花期 5月
特　徴 枝先に花序をつくり白く細長い4弁花を群開。枝に雪が積もったように見える。

リクニス・フロス‐ククリ
Lychnis flos-cuculi

カッコウセンノウ
ナデシコ科　耐寒性宿根草
原産地 ヨーロッパ
花　色 🌸🌼
花径 2〜3cm　**草丈** 30〜70cm
開花期 5〜7月
特　徴 花は5裂した先がさらに細かく裂ける。白花品種の'ホワイトロビン'が人気。

ハマユウ（浜木綿）
Crinum asiaticum

ハマオモト（浜万年青）
ヒガンバナ科　耐寒性球根
原産地 日本
花　色 🌼
花径 10cm　**草丈** 50〜80cm
開花期 6〜9月
特　徴 花茎の先に細長い6弁の反り返る花をたくさん咲かせる。海辺に生える。

キカラスウリ（黄烏瓜）
Trichosanthes kirilowii var. japonica

ウリ科　耐寒性つる性宿根草
原産地 日本
花　色 🌼
花径 6〜8cm　**つるの長さ** 5m〜
開花期 7〜9月
特　徴 花は夜開性で花弁の先が糸のように細かく裂ける。実は秋に黄色く熟する。

155

花形で見わける キク形の花

キンセンカ（金盞花）
Calendula officinalis

カレンデュラ
キク科　耐寒性1年草
原産地 地中海沿岸
花　色 🌼🌼
花径3〜8cm　草丈20〜60cm
開花期 2〜5月
特　徴 かつては八重咲き大輪が定番だったが、最近は分枝する一重咲き品種もある。

花色は橙と黄のほか、淡い中間色も出回るようになった。

スカビオサ
Scabiosa spp.

セイヨウマツムシソウ
マツムシソウ科　耐寒性宿根草（1・2年草）
原産地 ヨーロッパ
花　色 🌸🌼🌺🤍🖤
花径3〜5cm　草丈20〜100cm
開花期 2〜10月
特　徴 宿根性の早咲き矮性種から初夏から秋に咲く1・2年性の高性種まである。

アネモネ・ブランダ
Anemone blanda

キンポウゲ科　耐寒性球根
原産地 東南ヨーロッパ
花　色 🌸🌺🤍
花径4cm　草丈10〜15cm
開花期 3〜4月
特　徴 丈が低く横に広がるアネモネ。丈の高いものに比べ素朴な野草の風情が楽しめる。

セイヨウタンポポ（西洋蒲公英）
Taraxacum officinale

キク科　耐寒性宿根草
原産地 ヨーロッパ
花　色 🌼
花径4〜5cm　草丈15〜30cm
開花期 3〜9月
特　徴 よく似た日本のカントウタンポポとは花の下の苞が反り返ることで区別される。

花形で見わける❀キク形の花 春

クリサンセマム・ムルチコーレ
Chrysanthemum multicaule

キク科　半耐寒性1年草
原産地 アルジェリア
花　色 🟡
花径 2～3cm　**草丈** 15～30cm
開花期 3～5月
特　徴 分枝して生え広がり花を多数咲かせる。寒さに弱く寒地では露地越冬はできない。

ディモルフォセカ
Dimorphotheca sinuata
アフリカキンセンカ

キク科　半耐寒性1年草
原産地 南アフリカ
花　色 🟠
花径 3～8cm　**草丈** 20～60cm
開花期 3～5月
特　徴 よく似たオステオスペルマムは宿根草であることと花色が豊富な点で異なる。

ハルジオン（春紫苑）
Erigeron philadelphicus

キク科　耐寒性宿根草
原産地 北アメリカ
花　色 🌸⚪
花径 2～2.5cm　**草丈** 0.3～1m
開花期 3～5月
特　徴 大正時代に園芸植物として渡来したものが野草化した。茎は中空になる。

ペーパーデージー
Helichrysum subulifolium

キク科　半耐寒性1年草
原産地 オーストラリア西部
花　色 🟡
花　径 3cm　**草　丈** 40cm
開花期 3～5月
特　徴 茎先に1花をつける。ドライフラワーとして利用。日当たりを好み過湿を嫌う。

オステオスペルマム
Osteospermum Hybrids

キク科　半耐寒性宿根草
原産地 熱帯アフリカ
花　色 🌸🟣🟡🟠⚪
花　径 5cm　**草　丈** 30～50cm
開花期 3～6月
特　徴 ディモルフォセカから宿根草タイプを分けた。花は小さいが花色は多い。

ハナカンザシ（花簪）
Rhodanthe chlorocephala
アクロクリニウム

キク科　非耐寒性1年草
原産地 オーストラリア
花　色 🌸⚪
花　径 3cm　**草　丈** 20～40cm
開花期 3～6月
特　徴 かんざしに似た細い茎の先に1花をつけ、ドライフラワーとして利用される。

マーガレット
Argyranthemum frutescens

モクシュンギク（木春菊）

キク科　半耐寒性宿根草

原産地 カナリー諸島

花　色 🌸🌸🌸🌼

花径 3〜6cm　**草丈** 0.2〜1m

開花期 3〜6月

特　徴 大きくなると低木状に立ち上がる。八重咲きや丁字咲きもある。切り花に利用。

基本の花色は白だが改良で黄色やピンク、赤がそろった。

ブルーデージー
Felicia amelloides

ルリヒナギク、フェリシア

キク科　半耐寒性宿根草

原産地 南アフリカ

花　色 🌸🌼

花　径 3cm　**草　丈** 30〜60cm

開花期 3〜6・9〜10月

特　徴 日当たりを好み乾燥に強いが、日本の蒸し暑さを嫌う。黄斑入り葉品種もある。

イエローサルタン
Amberboa suaveolens

キバナニオイヤグルマ

キク科　耐寒性1年草

原産地 カスピ海沿岸

花　色 🌼

花径 4〜5cm　**草丈** 60〜80cm

開花期 4〜5月

特　徴 ヤグルマギクに近縁。花弁の先が裂けてソフトな感じの芳香花を咲かせる。

シュンギク（春菊）
Chrysanthemum coronarium

キクナ（菊菜）

キク科　耐寒性1年草

原産地 地中海沿岸

花　色 🌼

花径 3〜4cm　**草丈** 30〜40cm

開花期 4〜5月

特　徴 鍋料理に入れたり天ぷらなどにされる香味野菜。欧米では観賞用草花とされる。

ミヤコワスレ（都忘れ）
Aster savatieri

ミヤマヨメナ（深山嫁菜）

キク科　耐寒性宿根草

原産地 日本

花　色 🌸🌼🌼

花径 4〜5cm　**草丈** 30〜40cm

開花期 4〜5月

特　徴 山草のミヤマヨメナの変種とされる。茶花として重用され切り花でも出回る。

花形で見わける キク形の花 春

リビングストンデージー
Dorotheanthus billidiformis
ベニハリ

ツルナ科　非耐寒性1年草
原産地　南アフリカ
花　色 🌸🌸🌸🌼🌼
花 径 4cm **草 丈** 20cm
開花期　4～5月
特　徴　丈低く這い広がる多肉植物。花は金属光沢があり日光が当たるときのみ開く。

ジャーマンカモミール
Matricaria recutita
カミツレ、カモミール

キク科　耐寒性1年草
原産地　ヨーロッパ
花　色 🌼
花径 1～2cm **草丈** 30～60cm
開花期　4～6月
特　徴　花を乾燥してリンゴ風味のハーブティーに利用。日なたと水はけのよい土を好む。

ジシバリ（地縛り）
Ixeris stolonifera
イワニガナ（岩苦菜）

キク科　耐寒性宿根草
原産地　日本
花　色 🌼
花 径 2.5cm **草 丈** 10～15cm
開花期　4～6月
特　徴　日当たりのよい山野や田の畦などに生え、地面に張りつくように這い広がる。

スイートサルタン
Amberboa moschata
ニオイヤグルマ

キク科　耐寒性1年草
原産地　イラン
花　色 🌸🌼
花 径 6cm **草 丈** 60～90cm
開花期　4～6月
特　徴　ヤグルマギクに近縁で花に香りがある。花びらは細かく裂けてクッション状。

マツバギク（松葉菊）
Lampranthus spp.

ツルナ科　半耐寒性宿根草
原産地　南アフリカ
花　色 🌸🌺🌷🌼🌼
花 径 4～6cm **草 丈** 10cm
開花期　4～6月
特　徴　松葉のような多肉質の葉を這い茂らせる。花には金属光沢があり花色は豊富。

ヤグルマギク（矢車菊）
Centaurea cyanus
セントウレア、コーンフラワー

キク科　耐寒性1年草
原産地　ヨーロッパ南東部
花　色 🌸🌺🟣🌼⚫
花径 4～5cm **草丈** 0.3～1m
開花期　4～6月
特　徴　花を鯉のぼりの矢車に見立てた名。基本の青のほか交配により複数の色がある。

花形で見わける▶キク形の花　春

ガーベラ
Gerbera Hybrids

ハナグルマ（花車）
キク科　半耐寒性宿根草
原産地 南アフリカ
花　色 🌸🌸🌸🌸🌼
花径 6〜12㎝　**草丈** 15〜80㎝
開花期 4〜6・10〜11月
特　徴 ヨーロッパで改良が進んだ。切り花用の高性品種と鉢物用の低性大輪品種がある。

ローダンセ
Rhodonthe manglesii

ヒロハノハナカンザシ
キク科　半耐寒性1年草
原産地 オーストラリア
花　色 🌸🌸
花径 2〜4㎝　**草丈** 30〜50㎝
開花期 4〜7月
特　徴 葉は丸く白粉を帯び、細い茎先に1花を咲かせる。ドライフラワーに利用される。

ガザニア
Gazania Hybrids

クンショウギク（勲章菊）
キク科　半耐寒性宿根草
原産地 南アフリカ
花　色 🌸🌸🌸🌸🌼
花径 5〜10㎝　**草丈** 20〜40㎝
開花期 4〜10月
特　徴 花色が豊富なうえ別名のように模様が美しいものが多い。葉は灰白色で裏が白い。

シャスタデージー
Leucanthemum×superbum

キク科　耐寒性宿根草
原産地 アメリカでつくられた交配種
花　色 🌼
花径 6〜8㎝　**草丈** 20〜90㎝
開花期 5〜6月
特　徴 フランスギクやハマギクなどを交配。名はカリフォルニアのシャスタ山に因む。

ハナワギク（花輪菊）
Chrysanthemum carinatum

サンシキカミツレ
キク科　耐寒性1年草
原産地 モロッコ
花　色 🌸🌸🌸🌸🌼
花径 5〜8㎝　**草丈** 40〜90㎝
開花期 5〜6月
特　徴 花の中心部に蛇の目模様が入るものが多い。葉は細かく羽状に裂ける。

ローダンセマム
Rhodanthemum gayanum

キク科　耐寒性宿根草（1年草）
原産地 北アフリカ
花　色 🌸🌼
花径 3〜4㎝　**草丈** 20〜30㎝
開花期 5〜6月
特　徴 銀白色の葉が細かく切れ込んで、葉も花もマーガレットに似ているが寒さに強い。

花形で見わける✿キク形の花 春

マトリカリア
Tanacetum parthenium
ナツシロギク、フィーバーヒュー

キク科　耐寒性宿根草（1年草）
原産地 西アジア、バルカン半島
花　色 🌼🌼
花径 2～3cm **草丈** 30～80cm
開花期 5～6月
特　徴 白花一重の基本種は含む成分を解熱剤や殺虫剤にするハーブとして知られる。

基本の白一重花のほか八重咲き（上）やボール状の品種'ゴールデンボール'（下）もある。

オオキンケイギク（大金鶏菊）
Coreopusis lanceolata

キク科　耐寒性宿根草
原産地 北アメリカ
花　色 🌼
花径 5～7cm **草丈** 30～80cm
開花期 5～7月
特　徴 ワイルドフラワーブームで広がったが、現在は特定外来生物として栽培禁止。

エリゲロン・カルビンスキアヌス
Erigeron karvinskianus
ゲンペイコギク

キク科　耐寒性宿根草
原産地 北アメリカ
花　色 🌸🌼
花径 2cm **草丈** 20～30cm
開花期 5～10月
特　徴 花色が白からピンクに変化。株を覆うように咲くのでグラウンドカバーに最適。

ダールベルグデージー
Thymophylla tenuiloba

キク科　非耐寒性1年草
原産地 テキサス、メキシコ
花　色 🌼
花径 2cm **草丈** 15cm
開花期 5～10月
特　徴 葉は糸状に細かく裂け、黄色い小花を株を覆うようにたくさん咲かせる。

メランポジウム
Melampodium paludosum

キク科　非耐寒性1年草
原産地 メキシコ
花　色 🌼
花径 2cm **草丈** 25～60cm
開花期 5～10月
特　徴 こんもりとした小さな茂みをつくり、明るい黄色の花が春から秋まで咲き続ける。

花形で見わける＊キク形の花 春

ダリア
Dahlia Hybrids

テンジクボタン（天竺牡丹）

キク科　半耐寒性球根
原産地 メキシコ、グアテマラ
花　色 🌸🌸🌸🌸🌸🌸🌸
花径 3～30cm　**草丈** 0.2～1.5m
開花期 5～11月
特　徴 数種の原種からつくられた花形と花色の変化に富んだ多数の品種がある。

キバナコスモス（黄花秋桜）
Cosmos sulphureus

キク科　非耐寒性1年草
原産地 メキシコ
花　色 🌸🌸🌸
花径 4～5cm　**草丈** 0.3～1m
開花期 5～11月
特　徴 コスモスより丈が低く花がたくさん咲くので、都市部の花壇に利用が多い。

初夏から咲き始めるが、ほかの花がなくなる盛夏から秋にかけて最盛期を迎える。

サンビタリア
Sanvitalia procumbens

ジャノメギク（蛇の目菊）

キク科　非耐寒性1年草
原産地 中央アメリカ
花　色 🌸🌸
花径 2～3cm　**草丈** 10～15cm
開花期 5～11月
特　徴 花はヒマワリに似るが茎は立ち上がらず、分かれて横に広がる

ジニア・リネアリス
Zinnia angustifolia

ホソバヒャクニチソウ

キク科　非耐寒性1年草
原産地 メキシコ
花　色 🌸🌸🌸
花径 3cm　**草丈** 25～35cm
開花期 5～11月
特　徴 ジニアのなかでは丈夫で育てやすいうえ、春から秋にかけて長く咲き続ける。

フレンチマリーゴールド
Tagetes erecta

クジャクソウ（孔雀草）

キク科　非耐寒性1年草
原産地 中央アメリカ
花　色 🌸🌸🌸
花径 3～5cm　**草丈** 20～30cm
開花期 5～11月
特　徴 丈低い矮性タイプで茎がよく分かれ羽状葉が地面を覆う。花は一重と八重がある。

花形で見わける*キク形の花 春〜夏

アフリカンマリーゴールド
Tagetes erecta
センジュギク（千寿菊）
キク科 非耐寒性1年草
原産地 中央アメリカ
花 色 🌸🌸🌸🌼🌼
花径 8〜12cm **草丈** 0.3〜1m
開花期 5〜11月
特 徴 八重の大輪花が初夏から初冬まで咲く。葉は羽状に裂け独特の臭気がある。

ハルシャギク（波斯菊）
Coreopsis tinctoria
ジャノメソウ（蛇の目草）
キク科 非耐寒性1年草
原産地 北アメリカ
花 色 🌼
花径 3cm **草丈** 0.4〜1m
開花期 6〜7月
特 徴 花びらの基部に赤い蛇の目模様がある。名はペルシャギクから変化したという。

イトバハルシャギク（糸葉波斯菊）
Coreopsis verticillata
キク科 耐寒性宿根草
原産地 北アメリカ
花 色 🌼
花径 5cm **草丈** 30〜90cm
開花期 6〜8月
特 徴 糸状の葉を輪生させて明るい黄色の8弁花を咲かせる。花後切り戻すとまた咲く。

チコリー
Cichorium intybus
キクニガナ（菊苦菜）
キク科 耐寒性宿根草
原産地 地中海沿岸
花 色 🌸🌼
花 径 3cm **草 丈** 0.5〜1.5m
開花期 6〜9月
特 徴 芽を軟白栽培したものをサラダに、根を炒ったものをコーヒーの香りづけにする。

アスター
Callistephus chinensis
エゾギク（蝦夷菊）
キク科 半耐寒性1年草
原産地 中国
花 色 🌸🌸🌸🌸🌼
花径 3〜10cm **草丈** 30〜80cm
開花期 6〜9月
特 徴 株元で枝分かれするタイプと、幹が直立し上部で分かれる2タイプがある。

初夏から咲き始めるが、ほかの花がなくなる盛夏から秋にかけて最盛期を迎える。

キクイモモドキ（菊芋擬）
Heliopsis helianthoides

ヘリオプシス
キク科　耐寒性宿根草
原産地 北アメリカ
花　色 🌼
花径 3〜8cm　**草丈** 1〜1.2m
開花期 6〜9月
特　徴 小型のヒマワリに似た花で、ヒメヒマワリと呼ばれることもある。一重咲きと八重咲きがあり、よく農家の庭先に植えられる。

ストケシア
Stokesia laevis

ルリギク（瑠璃菊）
キク科　耐寒性宿根草
原産地 北アメリカ東南部
花　色 🌸🌼🟣🌼
花径 6〜7cm　**草丈** 30〜50cm
開花期 6〜9月
特　徴 花はヤグルマギクに似るがより大きく、中心の白いしべのかたまりが目立つ。

チョコレートコスモス
Cosmos atrosnguineus

キク科　半耐寒性宿根草
原産地 メキシコ
花　色 🟤
花径 4cm　**草丈** 30〜60cm
開花期 6〜9月
特　徴 似ているのは花色だけでなくチョコレートのような香りがある。

エキナセア
Echinacea purpurea

ムラサキバレンギク
キク科　耐寒性宿根草
原産地 北アメリカ東北部
花　色 🌸🟣🌼
花径 10cm　**草丈** 60〜80cm
開花期 6〜9月
特　徴 中心の大きな筒状花から花びらが垂れ下がるようにつき、遠くからよく目立つ。

ジニア・エレエガンス
Zinnia elegans

ヒャクニチソウ（百日草）
キク科　非耐寒性1年草
原産地 メキシコ
花　色 🌸🌺🌼🌼🌼🌼
花径 3〜10cm　**草丈** 20〜60cm
開花期 6〜10月
特　徴 初夏から秋まで長く咲くうえ、花色が鮮やかで花つきが多いので人気がある。

花形で見わける✤キク形の花 夏

ルドベキア・ヒルタ
Rudbekia hirta

人気品種'タイガーアイ'(左)と'プレーリーサン'(上)。下はグロリオサデージー。

キク科　耐寒性宿根草（１年草）
原産地 北アメリカ
花　色 🌼🌼
花径 6〜15cm　**草丈** 40〜90cm
開花期 6〜10月
特　徴 品種が多く花に赤い模様が入る１年草タイプにグロリオサデージーがある。

ブラキカム
Brachycome angustifolia

ヒメコスモス

キク科　耐寒性宿根草
原産地 オーストラリア
花　色 🌸🌺
花　径 3cm　**草 丈** 15〜20cm
開花期 6〜11月
特　徴 仲間には１年草もあるが宿根草タイプで長く咲く。コンテナガーデンに向く。

ユウゼンギク（友禅菊）
Aster novi-belgii

ミケルマスデージー

キク科　耐寒性宿根草
原産地 北アメリカ
花　色 🌸🌺🤍
花　径 3cm　**草　丈** 0.6〜1m
開花期 6〜11月
特　徴 よく枝分かれして小さな花を次々に長い間咲かせる。切り花にも利用が多い。

ガイラルディア
Gaillardia ×grandiflora

テンニンギク（天人菊）

キク科　非耐寒性１年草
原産地 北アメリカ
花　色 🌼🌼🌼
花　径 8cm　**草　丈** 40〜80cm
開花期 7〜8月
特　徴 交配により一重や八重咲きの品種があるが、どれもガイラルディアで出回る。

アプテニア
Aptenia cordifolia

ハナツルクサ（花蔓草）

ツルナ科　半耐寒性宿根草
原産地 南アフリカ
花　色 🌸🌺
花　径 1.5〜2cm　**草　丈** 10cm
開花期 7〜9月
特　徴 マツバギクと同じ多肉植物で茎を這わせて広がる。高温と乾燥に強い。

165

花形で見わける・キク形の花 夏

オオハンゴンソウ（大反魂草）
Rudbekia laciniata

キク科　耐寒性宿根草
原産地　北アメリカ
花　色　🌼
花径 7〜15cm　草丈 1.5〜3m
開花期　7〜9月
特　徴　繁殖力が旺盛で特定外来生物として栽培禁止。八重咲き品種ハナガサギクがある。

ヒマワリ（向日葵）
Helianthus annuus
ニチリンソウ（日輪草）

キク科　非耐寒性1年草
原産地　北アメリカ
花　色　🌸🌼🌼🌼🌼🌼🌺
花径 7〜40cm　草丈 15〜200cm
開花期　7〜10月
特　徴　観賞用だけでなく採油用に栽培され、鉢やプランター植えできる矮性品種もある。

黄色の一重が基本だが、八重咲きや赤花品種も栽培される。

コヒマワリ（小向日葵）
Helianthus×multiflorus

キク科　耐寒性宿根草
原産地　北アメリカ
花　色　🌼
花径 5〜8cm　草丈 0.8〜1m
開花期　7〜9月
特　徴　ヒマワリと別種を交配した雑種。一重咲きのほか八重や半八重咲き品種がある。

チトニア
Tithonia rotundifolia
メキシコヒマワリ

キク科　半耐寒性1年草
原産地　メキシコ〜中央アメリカ
花　色　🌼🌼🌼
花径 7〜8cm　草丈 1.5m
開花期　7〜9月
特　徴　古代アステカ帝国の国花とされていた。茎は丈夫で直立し先に1花をつける。

ヘレニウム
Helenium Hybrids
ダンゴギク（団子菊）

キク科　耐寒性宿根草
原産地　南北アメリカ
花　色　🌼🌼🌼
花径 4〜6cm　草丈 0.8〜1m
開花期　7〜9月
特　徴　別名のように花の中心部が球状になり、周りを幅の広い花びらが取り囲む。

花形で見わける＊キク形の花 夏〜秋

ルドベキア'タカオ'
Rudbekia triloba 'Takao'

キク科　耐寒性宿根草
原産地　北アメリカ
花　色 🌼
花径 3〜5cm　草丈 0.6〜1m
開花期 7〜10月
特　徴　小輪多花性の人気品種。黄色い花びらと黒い中心部との対称がよく目立つ。

コスモス
Cosmos bipinnatus

アキザクラ（秋桜）
キク科　非耐寒性1年草
原産地　メキシコ
花　色 🌸🌺🌷🌼🌼🌼
花径 5〜8cm　草丈 0.4〜1m
開花期 7〜11月
特　徴　立ち上がって枝分かれしながら細い羽状葉をつける姿は、秋の風情を感じさせる。

花色はピンクや白のほか、黄色品種が玉川大学で作出され1987年に登録された。

シロタエヒマワリ（白妙向日葵）
Helianthus argophyllus

ギンバヒマワリ
キク科　非耐寒性1年草
原産地　北アメリカ南部
花　色 🌼
花径 8〜10cm　草丈 1〜2m
開花期 8〜10月
特　徴　葉や茎に白い綿毛が密生し美しい。よく分枝して小形の花を多数咲かせる。

ノコンギク（野紺菊）
Aster ageratoides

キク科　耐寒性宿根草
原産地　日本
花　色 🌺🌼
花径 2.5cm　草丈 0.5〜1m
開花期 8〜11月
特　徴　日本の野山でもっとも普通の野菊。花色の濃いものがコンギクとして栽培される。

クジャクアスター
Aster Hybrids

クジャクソウ
キク科　耐寒性宿根草
原産地　北アメリカ
花　色 🌸🌺🌼
花径 2cm　草丈 1.2〜1.5m
開花期 9〜10月
特　徴　よく分枝して株全体を小花で覆う。ユウゼンギクより丈は高いが花は小さい。

花形で見わける・キク形の花 秋

シオン（紫苑）
Aster tataricus

キク科　耐寒性宿根草
原産地 日本、朝鮮、中国東北部、シベリア
花 色 ✿
花 径 3cm　**草 丈** 0.5〜2m
開花期 9〜10月
特 徴 花序が段になってつき豪華な姿になる。農家の庭先によく植えられている。

マーガレットコスモス
Steirodiscus euryopoides
ガモレピス

キク科　耐寒性常緑低木
原産地 南アフリカ
花 色 ✿
花 径 4〜6cm　**樹高** 0.5〜1m
開花期 9〜5月
特 徴 ユーリオプスデージーに似ているが、葉は細かく裂けず銀色を帯びない。

ハマギク（浜菊）
Chrysanthemum nipponicum

キク科　耐寒性宿根草
原産地 日本
花 色 ✿
花 径 6cm　**草 丈** 0.5〜1m
開花期 9〜11月
特 徴 海岸の砂地で低木状になる。たいへん丈夫で江戸初期から栽培されてきた。

ウインターコスモス
Bidens laevis
ビデンス

キク科　半耐寒性宿根草
原産地 北アメリカ
花 色 ✿
花 径 3cm　**草 丈** 0.7〜1.5m
開花期 10〜11月
特 徴 コスモスを小さくしたような黄色い5弁花を咲かせる。秋〜冬に咲く貴重な花。

ツワブキ（石蕗）
Farfugium japonicum

ツユクサ科　半耐寒性宿根草
原産地 日本を含む東アジア
花 色 ✿
花 径 5cm　**草 丈** 60〜80cm
開花期 10〜11月
特 徴 艶のある丸い葉をもち海岸の近くに生える。白や黄色の斑入り葉品種がある。

水辺に植えると風情がある。

花形で見わける✿キク形の花 秋〜冬

キク（菊）
Chrysanthemum×morifolium

イエギク（家菊）

キク科　耐寒性1年草
原産地 古くに中国でできた雑種起源の植物
花　色 🌸🌸🌸🌸🌸🌸
花径3〜18cm　草丈0.2〜1m
開花期 10〜12月
特　徴 とても交配しやすい植物で1500年前の中国に雑種起源で現われたとされる。

花の大きさと形は多様で花色は多彩。下はポットマム。

葬祭に欠かせないオオギク（上）と古典菊のイセギク（下）。

ヤナギバヒマワリ（柳葉向日葵）
Helianthus salicifolius

キク科　耐寒性宿根草
原産地 北アメリカ
花　色 🌸
花径5〜6cm　草丈1m
開花期 10〜11月
特　徴 細い葉には綿毛がある。色台が鮮やかな品種'ゴールデンピラミッド'が人気。

アークトチス　ハーレクイングループ
Arctotis Harlequin Group

ベニジオアークトティス

キク科　耐寒性宿根草
原産地 南アフリカ
花　色 🌸🌸🌸🌸🌸
花径6〜8cm　草丈30〜45cm
開花期 10〜7月
特　徴 花色の鮮やかな四季咲き性のある交配種。花は日が当たると開き夜は閉じる。

コダチダリア（木立ダリア）
Dahlia imperialis

コウテイダリア（皇帝ダリア）

キク科　半耐寒性球根
原産地 メキシコ〜中央アメリカ
花　色 🌸
花径10〜15cm　草丈2〜6m
開花期 11〜12月
特　徴 丈高くなるので支柱が必要。葉は羽状で優美。茎先に大きな8弁花を咲かせる。

花形で見わける キク形の花 秋〜冬

カレンデュラ '冬知らず'
Calendula arvensis

フユザキキンセンカ
キク科 耐寒性1年草
原産地 ヨーロッパ
花 色 🌼
花径 1〜2cm **草丈** 10〜50cm
開花期 11〜4月
特 徴 小型の一重咲きキンセンカで、全体に短毛がある。冬から春まで咲き続ける。

クリサンセマム・パルドーサム
Chrysanthemum paludosum

ノースポール
キク科 耐寒性1年草
原産地 地中海沿岸
花 色 ✿
花径 2〜3cm **草丈** 10〜30cm
開花期 11〜5月
特 徴 寒さに強い一重のキクで冬から春にかけて咲き続ける。ノースポールは品種名。

デージー
Bellis perennis

ヒナギク（雛菊）
キク科 耐寒性1年草
原産地 ヨーロッパ、小アジア
花 色 🌸🌺✿
花径 2〜8cm **草丈** 10〜20cm
開花期 11〜5月
特 徴 一重咲きもあるが管弁八重咲きが中心。花が咲いた株でも容易に移植できる。

ユーリオプスデージー
Euryops pectinatus

キク科 耐寒性常緑低木
原産地 南アフリカ
花 色 🌼
花径 4〜6cm **樹高** 15〜75cm
開花期 11〜5月
特 徴 羽状に細かく裂けた葉は銀色を帯び、黄色い花とのコントラストが美しい。

ベニジウム
Arctotis fastuosa

寒咲きジャノメギク
キク科 耐寒性1年草
原産地 南アフリカ
花 色 🌼✿
花径 6〜8cm **草丈** 60〜80cm
開花期 12〜4月
特 徴 花びらの基部に黒い蛇の目模様が入る。花に比して葉は小さく銀白色を帯びる。

サイネリア
Senecio cineraria

シネラリア、フウキギク
キク科 非耐寒性宿根草（1年草）
原産地 カナリー諸島
花 色 🌸🌺🌷🌼✿
花径 3〜5cm **草丈** 30〜50cm
開花期 12〜5月
特 徴 冬の鉢物として贈答用に欠かせないが、語呂が悪いので病院見舞いには使えない。

花形で見わける
アザミ形の花

ハナアザミ（花薊）
Cirsium japonicum

ノアザミ、ドイツアザミ
キク科　耐寒性宿根草
原産地 日本
花　色
花径 4～5cm　草丈 0.6～1m
開花期 4～8月
特　徴　日本産のノアザミを改良した園芸品種。葉は大きく裂けて刺がある。

アゲラタム
Ageratum houstonianum

カッコウアザミ（郭公薊）
キク科　非耐寒性宿根草（1年草）
原産地 メキシコ
花　色
花径 5～10cm　草丈 20～60cm
開花期 5～11月
特　徴　丈の低い矮性タイプが中心。日向を好み春から初冬まで咲き続ける。

ベニバナ（紅花）
Carthamus tinctorius

サフラワー
キク科　耐寒性1年草
原産地 西アジア
花　色
花　径 2～4cm　草丈 1m
開花期 6月
特　徴　花色が黄から橙に変化する。染料や植物油の原料とされた。山形県の県花。

アーティチョーク
Cynara scolymus

チョウセンアザミ（朝鮮薊）
キク科　耐寒性宿根草
原産地 地中海沿岸
花　色
花径 15～20cm　草丈 1.5～2m
開花期 6～9月
特　徴　大きな葉は羽状に切れ込み銀白色で美しい。つぼみをゆでて食用にする。

ムラサキルーシャン
Centratherum punctatum

リンゴアザミ、キクアザミ
キク科　半耐寒性宿根草
原産地 中南米熱帯
花　色
花　径 3cm　草　丈 30～50cm
開花期 8～9月
特　徴　葉にリンゴのような香りがある。ルーシャンは中国の地名だが由来は不明。

花形で見わける
アヤメ形の花

イリス・レティクラータ
Iris reticulata

アヤメ科　耐寒性球根
原産地 トルコ、イラン
花　色 ✿
花　径 5cm　**草　丈** 15cm
開花期 2〜3月
特　徴 春真っ先に咲く丈の低いアヤメの仲間。外側3枚の花びらに黄色い模様が入る。

ニオイイリス
Iris germanica var. florentina
シロバナイリス

アヤメ科　耐寒性宿根草
原産地 地中海沿岸
花　色 ✿
花径 8〜10cm　**草丈** 30〜50cm
開花期 4月
特　徴 ジャーマンアイリスの変種。花には香りがある。根から香料を採るハーブの一種。

イチハツ（鳶尾）
Iris tectorum

アヤメ科　耐寒性宿根草
原産地 中国
花　色 ✿✿
花　径 10cm　**草　丈** 30〜50cm
開花期 4〜5月
特　徴 外側の花びらに鶏冠状の突起がある。アヤメの仲間には珍しく乾燥地に生える。

キショウブ（黄菖蒲）
Iris pseudacorus
イエローフラッグ

アヤメ科　耐寒性宿根草
原産地 ヨーロッパ〜シベリア、小アジア
花　色 ✿
花　径 10cm　**草　丈** 0.6〜1.5m
開花期 4〜5月
特　徴 湿地に生えるが庭植えもできる丈夫なアヤメ。外側の花びらに黒い線模様がある。

シャガ（射干）
Iris japonica
コチョウカ（胡蝶花）

アヤメ科　耐寒性宿根草
原産地 中国
花　色 ✿
花径 4〜5cm　**草丈** 30〜70cm
開花期 4〜5月
特　徴 根茎で這い広がり林内に群生する。古くに渡来して野生化した。花は一日花。

花形で見わける❀アヤメ形の花

ダッチアイリス
Iris Hollandica Hybrids

アイリス

アヤメ科　耐寒性球根
原産地 ヨーロッパ
花　色 ❀❀❀
花　径 6〜10cm　**草　丈** 60cm
開花期 4〜5月
特　徴 庭植えや切り花にされるもっとも普通のアイリス。花色の組み合わせが多彩。

アヤメ（菖蒲）
Iris sanguinea

アヤメ科　耐寒性宿根草
原産地 日本を含む東アジア
花　色 ❀❀
花径 5〜12cm　**草丈** 10〜70cm
開花期 5月
特　徴 草原に生える野草。外側の花びらには網目模様が入る。丈低い矮性品種がある。

カキツバタ（杜若）
Iris laevigata

カオヨバナ（顔佳花）

アヤメ科　耐寒性宿根草
原産地 日本を含む東アジア
花　色 ❀❀
花　径 15cm　**草　丈** 70〜90cm
開花期 5月
特　徴 水中に生え、しばしば群生する。外側の花びらに白い筋模様が入る。

ジャーマンアイリス
Iris germanica

ドイツアヤメ

アヤメ科　耐寒性宿根草
原産地 地中海沿岸
花　色 ❀❀❀❀❀❀
花　径 15cm　**草　丈** 40〜80cm
開花期 5月
特　徴 花色が豊富で毎年新しい品種がつくられている。乾燥気味の場所を好む。

ヒメシャガ（姫射干）
Iris gracilipes

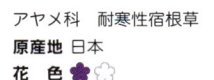

アヤメ科　耐寒性宿根草
原産地 日本
花　色 ❀❀
花径 3〜4cm　**草丈** 10〜15cm
開花期 5月
特　徴 名前のとおりシャガに比べ全体に小さい。庭植えのほか鉢植えにされる。

ハナショウブ（花菖蒲）
Iris ensata

アヤメ科　耐寒性宿根草
原産地 日本、中国、ロシア
花　色 ❀❀❀❀❀
花　径 15cm　**草　丈** 0.5〜1m
開花期 6〜7月
特　徴 ノハナショウブから江戸時代に多数の品種が改良された。各地に名所がある。

花のつき方で見わける
球状につく花

サンシュユ（山茱萸）
Cornus officinalis

ハルコガネバナ、アキサンゴ
ミズキ科　耐寒性落葉高木
原産地 中国
花　色
花　径 3cm　**樹　高** 5～15m
開花期 2～3月
特　徴 黄色い花は早春に咲く花木の代表格。実は秋に赤く熟し滋養強壮の薬用に利用。

カリフォルニアライラック
Ceanothus spp.

ケアノサス、セアノサス
クロウメモドキ科　半耐寒性常緑低木
原産地 北アメリカ西部
花　色
花　径 3cm　**樹　高** 0.3～1.2m
開花期 3～5月
特　徴 カリフォルニア産中心の数種からつくられた交配種。こんもりとした茂みになる。

プリムラ・デンティクラータ
Primula denticulata

タマザキサクラソウ
サクラソウ科　耐寒性宿根草
原産地 ヒマラヤ
花　色
花　径 2cm　**草　丈** 10～35cm
開花期 4～5月
特　徴 花茎の先に5裂した星形の花を球状につける。水辺などの湿地を好む。

アルメリア
Armeria maritima

ハマカンザシ（浜簪）
イソマツ科　耐寒性宿根草
原産地 北半球の海岸や山地
花　色
花　径 2～3cm　**草　丈** 10～30cm
開花期 4～5月
特　徴 線形の葉を茂らせ、花茎の先に小さな5弁花を球状に咲かせる。海辺に生える。

ギリア・レプタンサ
Gilia reptantha

タマザキヒメハナシノブ
ハナシノブ科　耐寒性1年草
原産地 北アメリカ西部
花　色
花　径 3～4cm　**草　丈** 50～90cm
開花期 4～6月
特　徴 葉は深く切れ込んで羽状になる。花茎の先に青い小花が集まって球状になる。

花のつき方で見わける・球状につく花 春

ヒメツルソバ（姫蔓蕎麦）
Polygonatum capitatum

タデ科　耐寒性宿根草
原産地 ヒマラヤ
花　色 🌸 ✿
花序径 1 cm　**草　丈** 5 cm
開花期 4～11月
特　徴 丈夫で野生化している。茎を這わせてマット状に広がる。花色は濃淡がある。

アリウム・ギガンチウム
Allium giganteum

ユリ科　耐寒性球根
原産地 中央アジア
花　色 🌸
花序径 10～12 cm　**草丈** 0.8～2 m
開花期 5～6月
特　徴 長い花茎の先に巨大な球状の花をつける。存在感は抜群で切り花にも利用が多い。

おびただしい数の小花が集まって完全な球になる。

アサツキ（浅葱）
Alliam schoenoprasum var. foliosum
センボンワケギ

ユリ科　耐寒性球根
原産地 日本
花　色 🌸
花　径 2.5 cm　**草　丈** 40～60 cm
開花期 5～6月
特　徴 名は葉色がネギより浅いことから。葉も茎も中空の香味野菜。鱗茎が肥大する。

オオデマリ（大手毬）
Viburnum plicatum var. plicatum
テマリバナ

スイカズラ科　耐寒性落葉低木
原産地 日本、東アジア
花　色 🌸 ✿
花　径 10 cm　**樹　高** 2～3 m
開花期 5～6月
特　徴 装飾花が集まって手毬状になる。咲き始めは緑色を帯び、咲くにつれ白くなる。

カルミア
Kalmia latifolia
アメリカシャクナゲ

ツツジ科　耐寒性常緑低木
原産地 北アメリカ
花　色 🌸 🌸 ✿
花径 1～3 cm　**樹　高** 1～2 m
開花期 5～6月
特　徴 つぼみは金平糖にそっくりで、わん形にひらく。花の底に線模様がある。

花のつき方で見わける・球状につく花 春〜夏

チャイブ
Allium schoenoprasum

エゾネギ、セイヨウアサツキ
ユリ科　耐寒性球根
原産地 メキシコ
花　色 🌸
花序径 2〜3㎝　**草丈** 30〜60㎝
開花期 5〜6月
特　徴 葉を料理の香りづけに使う西洋野菜。地下の鱗茎はアサツキのように肥大しない。

ムラサキツメクサ（紫詰草）
Trifolium pratense

アカツメクサ
マメ科　耐寒性宿根草
原産地 ヨーロッパ
花　色 🌸🌸
花序径 2.5〜3㎝　**草丈** 20〜60㎝
開花期 5〜8月
特　徴 シロツメクサよりも全体に大きい。小さな花が球状に集まって咲く。

シロツメクサ（白詰草）
Trifolium repens

クローバー
マメ科　耐寒性宿根草
原産地 ヨーロッパ
花　色 ○
花序径 2㎝　**草丈** 20〜30㎝
開花期 5〜8月
特　徴 江戸期にガラス器の保護の詰め物として渡来。養蜂や牧草として利用される。

アガパンサス
Agapanthus Hybrids

ムラサキクンシラン（紫君子蘭）
ユリ科　耐半寒性宿根草
原産地 南アフリカ
花　色 🌸○
花序径 10〜15㎝　**草丈** 0.6〜1m
開花期 6〜7月
特　徴 花茎の先に6弁らっぱ形の花を球状に咲かせる。花の大きい交配種が出回る。

クリーピングタイム
Thymus serphyllum

シソ科　耐寒性常緑低木
原産地 ヨーロッパ
花　色 🌸
花序径 2〜3㎝　**樹高** 10〜15㎝
開花期 6〜8月
特　徴 茎を這い広げながら成長する。ハーブのタイムに近縁。グラウンドカバーに最適。

エリンジウム・プラヌム
Eryngium planum

マツカサアザミ（松毬薊）
セリ科　耐寒性宿根草
原産地 ヨーロッパ東部〜中央アジア
花　色 🌸
花序径 2㎝　**草丈** 0.6〜1m
開花期 6〜8月
特　徴 尖った葉と苞を持ち、球状の花がよく枝分かれした先にたくさんつく。

花のつき方で見わける　球状につく花　夏〜冬

アメリカアジサイ 'アナベル'
Hydrangea arborescens 'Annabelle'

ユキノシタ科　耐寒性落葉低木
原産地 北アメリカ西部
花　色 🌸🌼
花序径 15〜20cm　**樹高** 1〜1.5m
開花期 6〜7月
特　徴 オランダで改良された品種。つぼみは緑だが咲くにつれ白くなる。花持ちがいい。

アジサイより遅めで半日陰でもよく咲くので人気がある。

ルリタマアザミ（瑠璃玉薊）
Echinops ritro

エキノプス
キク科　耐寒性宿根草
原産地 ヨーロッパ南部〜中央アジア
花　色 🌸🌼
花序径 3〜5cm　**草丈** 0.7〜1m
開花期 6〜8月
特　徴 葉はアザミに似て刺がある。尖ったつぼみの球状の花をつけ上から咲き始める。

クラスペディア
Craspedia globosa

ドラムスティック
キク科　半耐寒性宿根草（1年草）
原産地 オーストラリア
花　色 🌼
花序径 3cm　**草丈** 60〜90cm
開花期 6〜9月
特　徴 細くて硬い茎の先に球状の花序をつける。切り花やドライフラワーに利用される。

オジギソウ（含羞草）
Mimosa pudica

ミモザ、ネムリグサ
マメ科　非耐寒性宿根草（1年草）
原産地 ブラジル
花　色 🌸
花　径 2cm　**草　丈** 30〜50cm
開花期 7〜10月
特　徴 羽状葉に触れると閉じ、夜も閉じる就眠運動をする。寒さに弱く1年草扱いされる。

ヤツデ（八手）
Fatsia japonica

テングノハウチワ
ウコギ科　耐寒性常緑低木
原産地 日本
花　色 🌼
花序径 3〜4cm　**樹高** 1〜3m
開花期 11〜12月
特　徴 大きな手のひら状に裂けた葉を広げ、日陰でも丈夫によく育つ。実は黒く熟す。

花のつき方で見わける
傘状&房状につく花

ギンヨウアカシア
Acacia baileyana
アカシア
マメ科　耐寒性常緑小高木
原産地 オーストラリア
花　色 🌼
花径 0.5〜1cm　**樹高** 3〜6m
開花期 3月
特　徴 枝に銀緑色の羽状葉と黄色い球状花の花房をふさん状につける。切り花に利用。

ミツマタ（三叉）
Edgeworthia chrysantha
ジンチョウゲ科　耐寒性落葉低木
原産地 中国
花　色 🌼🌼
花序径 5cm　**樹高** 1〜2m
開花期 3〜4月
特　徴 筒形花が半球状に集まって垂れ下がる。樹皮の繊維を紙の原料にするため栽培。

イベリス・センペルビレンス
Iberis sempervirens
トキワナズナ（常磐薺）
アブラナ科　耐寒性常緑宿根草
原産地 地中海沿岸
花　色 ✿
花序径 4cm　**草丈** 20〜30cm
開花期 3〜5月
特　徴 茎が横に這い広がり傘状の花序が株を覆うように咲く。グラウンドカバーに利用。

ペラルゴニウム
Pelargonium Regal Group
ファンシーゼラニウム
フウロソウ科　半耐寒性宿根草
原産地 南アフリカ
花　色 ✿✿✿✿✿
花径 3〜8cm　**草丈** 30〜40cm
開花期 3〜5月
特　徴 大輪系と小輪系の多数の交配種があり、パンジーに似た形の花を房状につける。

オドリコソウ（踊子草）
Lamium album var. barbatum
シソ科　耐寒性宿根草
原産地 日本、朝鮮、中国東北部など
花　色 ✿✿
花長 3〜4cm　**草丈** 30〜50cm
開花期 3〜6月
特　徴 山野や道ばたの半日陰に生える野草。輪状につく花を踊子にたとえた。

ゼラニウム
Pelargonium Zonal Group

テンジクアオイ（天竺葵）

フウロソウ科　耐寒性宿根草
原産地 南アフリカ
花　色 🌸🌸🌸🌸🤍
花径 3〜4cm　**草丈** 15〜30cm
開花期 3〜11月
特　徴 ペラルゴニウム・ゾナールを主体にした品種。直立＆株立ち性で四季咲きがある。

ユーフォルビア・ウルフェニー
Euphorbia wulfenii

トウダイグサ科　耐寒性常緑低木
原産地 地中海沿岸
花　色 🌸🌸🌸🌸🤍
花径 1cm　**樹高** 0.5〜1.2m
開花期 4〜5月
特　徴 直立した茎先に緑色のボタンのような花が円柱状に多数つく。

シラー・ペルビアナ
Scilla peruviana

オオツルボ（大蔓穂）

ユリ科　耐寒性球根
原産地 地中海沿岸
花　色 🌸
花径 1.5cm　**草丈** 20〜40cm
開花期 4〜5月
特　徴 太い花茎の先に花序をつくり5弁の星形花を下から咲き上げる。

コデマリ（小手毬）
Spiraea cantoniensis

テマリバナ、スズカケ

バラ科　耐寒性落葉低木
原産地 中国中部
花　色 🤍
花序径 7〜10cm　**樹高** 1.5〜2m
開花期 4〜5月
特　徴 弓なりに枝垂れた細い枝に半球状の花序を連ねる。庭や公園に植栽が多い。

枝を株元から切って切り花で楽しむとよい。すぐ芽が出る。

スターチス
Limonium sinuatum

ハナハマサジ（花浜匙）

イソマツ科　半耐寒性1年草
原産地 地中海沿岸
花　色 🌸🌸🌸🌸🤍
花径 0.5mm　**草丈** 30〜60cm
開花期 4〜5月
特　徴 花を囲む萼（がく）が美しく色づき長持ちする。ドライフラワーに利用。

花のつき方で見わける✿傘状＆房状につく花　春

ビジョナデシコ（美女撫子）
Dianthus barbatus

ヒゲナデシコ

ナデシコ科　耐寒性宿根草
原産地　南ヨーロッパ
花　色 🌸🌸🌸🌼🌺
花　径 3cm　草　丈 30〜70cm
開花期 4〜5月
特　徴　花茎の先に5弁花を傘状につける。花を囲む苞が細く尖ってヒゲのようになる。

メキシコマンネングサ
Sedum mexicanum

ベンケイソウ科　半耐寒性宿根草
原産地　不明
花　色 🌼
花　径 1cm　草　丈 10〜17cm
開花期 4〜5月
特　徴　関東地方以西の暖地に野生化し、グラウンドカバーなどにも利用される。

ライスフラワー
Ozothamnus diosmifolius

キク科　半耐寒性常緑低木
原産地　オーストラリア
花　色 🌼
花径 4〜5mm　樹高 0.3〜3m
開花期 4〜5月
特　徴　細い枝の先に米粒のような花を房状につける。ドライフラワーに利用。

オルレア
Orlaya grandiflora

セリ科　耐寒性宿根草（1年草）
原産地　ヨーロッパ
花　色 🌼
花　径 6〜10cm　草　丈 60cm
開花期 4〜6月
特　徴　白い小花が集まってレースのような美しい花房をつくる。日本へは最近入った。

近年日本に入り今や花好きの庭の常連となったオルレア。

イベリス・ウンベラータ
Iberis umbellata

キャンディタフト

アブラナ科　耐寒性1年草
原産地　南ヨーロッパ
花　色 🌸🌸🌸🌼🌼
花径 2〜5cm　草丈 20〜50cm
開花期 4〜6月
特　徴　芳香のある小花を傘状につけ、こんもりとした茂みになる。日当たりを好む。

花のつき方で見わける ✤ 傘状&房状につく花 春

レンゲ(蓮華)
Astragalus sinicus

レンゲソウ
科 マメ科　耐寒性2年草
原産地 中国
花　色 🌸
花径 1.5cm　**草丈** 10〜25cm
開花期 4〜6月
特　徴 蝶形の小花が輪状につきハスに似る。田んぼに植え、すき込んで肥料とした。

キダチベゴニア(木立ベゴニア)
Begonia Hybrids

科 シュウカイドウ科　非耐寒性宿根草
原産地 南アメリカ
花　色 🌸🌸🌸🌼
花径 2〜4cm　**草丈** 0.3〜2m
開花期 4〜11月
特　徴 茎は多肉質で直立タイプと枝分かれタイプがある。花は柄にぶら下がって咲く。

シャリンバイ(車輪梅)
Rhaphiolepis umbellata

タチシャリンバイ
科 バラ科　耐寒性常緑低木
原産地 日本
花　色 🤍
花径 2cm　**樹高** 1〜6m
開花期 5月
特　徴 暖地の海岸に生え葉が車輪状につく。白い5弁花を咲かせ、秋に実は黒熟する。

アリウム・モリー
Allium moly

ゴールデンガーリック
科 ユリ科　耐寒性球根
原産地 南ヨーロッパ
花　色 💛
花径 1.5cm　**草丈** 30cm
開花期 5〜6月
特　徴 茎先に花序をつくり6弁の星形花を咲かせる。葉は披針形で2枚ずつ対になる。

アルケミラ・モリス
Alchemilla mollis

レディースマントル
科 バラ科　耐寒性宿根草
原産地 ピレネー
花　色 💚
花序径 10cm　**草丈** 30〜40cm
開花期 5〜6月
特　徴 葉は縁が波打った円形で短毛が生える。茎先に緑色の星形小花が集まって咲く。

オリーブ
Olea europaea

科 モクセイ科　耐寒性常緑小高木
原産地 地中海沿岸、小アジア
花　色 🤍
花径 6〜7cm　**樹高** 2〜7m
開花期 5〜6月
特　徴 花は小さく中から黄色いしべがのぞく。実は秋に黒く熟し採油用に栽培される。

181

花のつき方で見わける❀傘状&房状につく花 春

セイヨウサンザシ（西洋山査子）
Crataegus laviegata
メイフラワー
バラ科　耐寒性落葉小高木
原産地 ヨーロッパ、北アフリカ
花　色 ❀❀✿
花 径 2cm　樹 高 2～5m
開花期 5～6月
特　徴 ヨーロッパでは古くから神聖な木とされた。針状の刺があり生け垣に使われる。

シロタエギク（白妙菊）
Senecio cineraria
ダスティミラー
キク科　耐寒性宿根草
原産地 地中海沿岸
花　色 ❀
花径 2～3cm　草丈 10～30cm
開花期 5～6月
特　徴 葉は銀白色で切れ込みがあって美しい。茎先にキク形の小花がかたまって咲く。

清涼感がある銀白色のビロードのような手触りの葉。

タイム
Thymus vulgaris
タチジャコウソウ
シソ科　耐寒性常緑低木
原産地 地中海沿岸
花　色 ❀
花序径 3cm　樹高 15～20cm
開花期 5～6月
特　徴 枝や葉に芳香があるハーブで料理に使われる。花色には濃淡がある。

ブルーレースフラワー
Trachymene coerulea
トラキメネ
セリ科　半耐寒性1年草
原産地 オーストラリア西部
花　色 ❀❀✿
花序径 7～8cm　草丈 50～70cm
開花期 5～6月
特　徴 筒形の小花が傘状につきレース模様のような花形になる。桃色や白色もある。

ムシトリナデシコ（虫捕撫子）
Silene armeria
コマチソウ（小町草）
ナデシコ科　耐寒性ー1年草
原産地 ヨーロッパ
花　色 ❀✿
花 径 1cm　草 丈 50～60cm
開花期 5～6月
特　徴 小花が傘状に集まった下の茎に粘液が出て虫を捕らえるが食虫植物ではない。

花のつき方で見わける ✿ 傘状＆房状につく花 春

ヤブデマリ（藪手毬）
Viburnum plicatum var.tomentosum

スイカズラ科　耐寒性落葉小高木
原産地 日本、台湾、中国
花　色 ✿
花径 3〜4cm　**樹高** 2〜6m
開花期 5〜6月
特　徴 枝先に花序をつくり縁を白い装飾花が取り巻く。実は夏に赤から黒く熟す。

ブバルディア
Bouvardia Hybrids

ブバリア、カンチョウジ
アカネ科　非耐寒性常緑低木
原産地 中南米の熱帯
花　色 ✿✿✿
花径 1〜1.5cm　**樹高** 0.2〜1m
開花期 5〜6・9〜11月
特　徴 先が4裂した筒形の芳香花を房状につける。暑さに弱いので夏は半日陰に。

カンパヌラ・グロメラタ
Campanula glomerata

リンドウザキカンパヌラ
キキョウ科　耐寒性宿根草
原産地 ヨーロッパ〜南アジア
花　色 ✿✿
花　径 3cm　**草丈** 30〜90cm
開花期 5〜7月
特　徴 花茎の先にリンドウに似た筒形の花を半球状に咲かせる。切り花にも利用される。

ニンジン（人参）
Daucus carota var.sativus

キャロット
セリ科　耐寒性1〜2年草
原産地 アフガニスタン
花　色 ✿
花序径 10〜15cm　**草丈** 1〜1.5m
開花期 5〜7月
特　徴 ビタミンAを多く含んだ緑黄色野菜の代表。花は白い小花の集合で美しい。

ヘリオトロープ
Heliotropium arborescens

ニオイムラサキ
ムラサキ科　半耐寒性常緑低木
原産地 ペルー
花　色 ✿✿
花径 10cm　**樹高** 30〜50cm
開花期 5〜7・9〜11月
特　徴 花は芳香を放ち香水の原料に。一年草扱いされることが多い。多数の品種がある。

サンタンカ（山丹花）
Ixora chinensis

イクソラ
アカネ科　非耐寒性常緑低木
原産地 中国南部、台湾
花　色 ✿✿✿✿
花　径 2cm　**樹高** 0.3〜1m
開花期 5〜8月
特　徴 先が4裂した筒形花を半球状に咲かせる。葉につやがある。交配品種が多数ある。

183

花のつき方で見わける✣傘状＆房状につく花 春

シモツケ（下野）
Spiraea japonica

バラ科　耐寒性落葉低木
原産地 日本、朝鮮、中国
花　色 ❀❀
花序径 4〜7cm　**草丈** 0.4〜1m
開花期 5〜8月
特　徴 小さな5弁花が傘状に集まって咲く。花色に濃淡がある。黄緑色葉の品種が人気。

アスクレピアス
Asclepias curassavica

トウワタ（唐綿）
ガガイモ科　非耐寒性宿根草
原産地 北アメリカ
花　色 ❀❀
花　径 1cm　**草　丈** 0.6〜1m
開花期 5〜9月
特　徴 花は羽つきの羽根のようで、頭が黄色で羽根が橙色の組み合わせが美しい。

ホワイトレースフラワー
Ammi majus

ドクゼリモドキ
セリ科　耐寒性1年草
原産地 地中海沿岸
花　色 ❀
花序径 6〜10cm　**草丈** 0.8〜1.5m
開花期 5〜9月
特　徴 白い小花のかたまりが傘状に集まって美しいレース模様のようになる。

ヒメイワダレソウ（姫岩垂草）
Lippia canescens

リッピア
クマツヅラ科　耐寒性宿根草
原産地 ペルー
花　色 ❀❀
花序径 1cm　**草丈** 5cm
開花期 5〜10月
特　徴 茎がほふくしながら生え広がる。茎先に傘状に花序をつくり外から咲き上がる。

ペンタス
Pentas lanceolata

クササンタンカ
アカネ科　非耐寒性宿根草（1年草）
原産地 熱帯アフリカ
花　色 ❀❀❀❀
花　径 1cm　**草　丈** 20〜40cm
開花期 5〜11月
特　徴 先が5裂した星形花を半球状に咲かせる。花もちがよいので切り花に利用される。

熱帯の雰囲気をもつペンタスは花色も豊富で人気がある。

花のつき方で見わける ✿ 傘状＆房状につく花 春〜夏

ルリマツリ（瑠璃茉莉）
Plumbago auriculata

プルンバゴ

イソマツ科　半耐寒性常緑つる性木本
原産地 南アフリカ
花　色 💠🤍
花径 2㎝　**つるの長さ** 1〜3m
開花期 5〜10月
特　徴 よく枝分かれした枝がつるになり、先に5弁花を球状につける。花色が涼しげ。

シュッコンバーベナ
Verbena rigida

クマツヅラ科　半耐寒性宿根草
原産地 南アメリカ
花　色 🟣🌸🤍
花径 1㎝　**草丈** 30〜40㎝
開花期 5〜11月
特　徴 茎は4稜があって角張り、直立または横張りする。グラウンドカバーに利用。

ウツギ（空木）
Deutzia crenata

ウノハナ（卯の花）

ユキノシタ科　耐寒性落葉低木
原産地 日本
花　色 🤍
花序長 10㎝　**樹高** 1〜3m
開花期 5〜7月
特　徴 株立ちしてこんもりとした樹形になる。枝先に白い花を下向き房状に咲かせる。

ランタナ
Lantana camara

シチヘンゲ（七変化）

クマツヅラ科　半耐寒性常緑低木
原産地 熱帯アメリカ
花　色 🌸🧡💛🟡🤍
花序径 3〜5㎝　**樹高** 0.2〜1.5m
開花期 5〜11月
特　徴 枝に刺が少しある。花色が変化するほか、内と外で色が違うなど品種は多数。

多彩な花色のランタナの品種。単色のものは色は変化しない。

コアジサイ（小紫陽花）
Hydrangea hirta

シバアジサイ

ユキノシタ科　耐寒性落葉低木
原産地 日本
花　色 🟣
花径 5㎝　**樹高** 1〜2m
開花期 6月
特　徴 アジサイより小型で花には花びらのような装飾花がない。花色に濃淡がある。

アジサイ（紫陽花）

Hydrangea macrophylla.f.macrophylla
シチヘンゲ

ユキノシタ科　耐寒性落葉低木
原産地 日本
花　色 🌸✿✿✿
花序径 10〜20㎝　**樹高** 2〜3m
開花期 6〜7月
特　徴 ガクアジサイの花すべてが装飾花に変化したもの。土壌のphで花色が変化する。

梅雨時に咲く花木を代表するアジサイ。各地に名所も多い。

アストランチア

Astrantia major

セリ科　耐寒性宿根草
原産地 ヨーロッパ中〜東部
花　色 ✿✿✿
花序径 3㎝　**草丈** 40〜80㎝
開花期 6〜7月
特　徴 花びら状の苞の上に小花が半球状につき、お菓子のような楽しげな姿になる。

ガクアジサイ（額紫陽花）

Hydrangea macrophylla.f.normalis
ガクバナ

ユキノシタ科　耐寒性落葉低木
原産地 日本
花　色 ✿✿✿✿
花序径 12〜18㎝　**樹高** 2〜3m
開花期 6〜7月
特　徴 アジサイの基本種とされる。小花が集まった周りを装飾花が囲む花序をつくる。

シモツケソウ（下野草）

Filipendula multijuga
クサシモツケ

バラ科　耐寒性宿根草
原産地 日本
花　色 ✿✿
花序径 10㎝　**草丈** 0.3〜1m
開花期 6〜7月
特　徴 山地の日当たりのよい場所に群生する野草。泡のような花で花序をつくる。

セイヨウアジサイ（西洋紫陽花）

Hydrangea Hybrids
ハイドランジア

ユキノシタ科　耐寒性落葉低木
原産地 交雑種
花　色 ✿✿✿✿
花序径 20〜25㎝　**樹高** 2〜3m
開花期 6〜7月
特　徴 日本のアジサイがヨーロッパで改良され、花が大きく色鮮やかになった。

フェンネル
Foeniculum vulgare

ウイキョウ（茴香）

セリ科　耐寒性宿根草
原産地 ヨーロッパ南部
花　色
花序径 15cm　**草丈** 1～2m
開花期 6～7月
特　徴 茎や葉に芳香のある料理用ハーブ。葉は羽毛状に細かく裂けて美しい。

ヤマアジサイ（山紫陽花）
Hydrangea serrata

サワアジサイ

ユキノシタ科　耐寒性落葉低木
原産地 日本
花　色
花序径 10cm　**樹高** 0.3～1m
開花期 6～7月
特　徴 アジサイより小型で地味だが、改良が進み花色の豊富な多数の品種がある。

キバナノコギリソウ（黄花鋸草）
Achillea filipendulina

ヤロー

キク科　耐寒性宿根草
原産地 コーカサス
花　色
花序径 10cm　**草丈** 60～80cm
開花期 6～8月
特　徴 茎の頂部に黄色い頭花が傘状に密集する。葉は羽状でくすんだ緑色。

キリンソウ（黄輪草）
Sedum kamtschaticam

ベンケイソウ科　耐寒性宿根草
原産地 シベリア～日本
花　色
花序径 5cm　**草丈** 50cm
開花期 6～8月
特　徴 海辺の岩場や山の草原に生える野草。名は黄色い花が輪状に咲くことから。

セントランサス
Centranthus ruber

ベニカノコソウ（紅鹿子草）

オミナエシ科　耐寒性宿根草
原産地 地中海沿岸
花　色
花序径 4～6cm　**草丈** 50～80cm
開花期 6～8月
特　徴 株立ちした茎先に花序をつくり小花を多数咲かせる。切り花に利用される。

ネムノキ（合歓木）
Albizia julibrissin

マメ科　耐寒性落葉高木
原産地 日本、東アジア
花　色
花序径 5cm　**樹高** 5～10m
開花期 6～8月
特　徴 羽状の葉と花火のような花の取り合わせが美しい。葉は就眠運動をする。

花のつき方で見わける▶傘状＆房状につく花　夏

花のつき方で見わける✿傘状&房状につく花 夏

アキレア
Achillea millefolium
セイヨウノコギリソウ（西洋鋸草）
キク科　耐寒性宿根草
原産地 ヨーロッパ中西部
花　色 🌸🌸🌸🌼🌼🤍
花序径 5〜10cm　**草丈** 50〜80cm
開花期 6〜9月
特　徴 乾燥させたものをお茶などに利用する薬用ハーブ。ドライフラワーにもする。

モナルダ
Monarda didyma
ベルガモット
シソ科　耐寒性宿根草
原産地 北アメリカ東部
花　色 🌸🌺🌺💜🤍
花序径 4〜6cm　**草丈** 1〜1.2m
開花期 6〜8月
特　徴 香料のベルガモットは柑橘類だが、同じ甘い香りがする。香りを楽しむハーブ。

群植すると見事なお花畑になる。

オレガノ
Origanum vulgare
ワイルドマジョラム
シソ科　耐寒性宿根草
原産地 ヨーロッパ、西アジア
花　色 🌸🤍
花序径 5cm　**草丈** 50〜80cm
開花期 6〜9月
特　徴 清涼感のある葉は料理の香りづけに利用。葉のお茶は消化を促進する。

サンジャクバーベナ
Vervena bonariensis
ヤナギハナガサ
クマツヅラ科　耐寒性宿根草
原産地 ブラジル〜アルゼンチン
花　色 💜
花序径 3〜5cm　**草丈** 1m
開花期 6〜10月
特　徴 4稜のある強健な茎が直立して枝分かれし、先に小花が傘状に集まる。

ノリウツギ（糊空木）
Hydrangea paniculata
サビタノキ
ユキノシタ科　耐寒性落葉低木
原産地 日本、樺太、南千島、台湾、中国
花　色 🤍
花序径 8〜30cm　**樹高** 2〜5m
開花期 7〜8月
特　徴 日当たりのよい山地に普通に生える。樹液は和紙をすくときの糊に利用した。

タンジー
Tanacetum vulgare
ヨモギギク（蓬菊）
キク科　耐寒性宿根草
原産地 ヨーロッパ
花　色 🟡
花　径 1cm　**草　丈** 60〜90cm
開花期 7〜9月
特　徴 ポプリの香りづけとして利用されるハーブ。有毒で食用にはしない。

ソバ（蕎麦）
Fagopyrum asculentum
タデ科　非耐寒性1年草
原産地 中国、北アジア
花　色 🌸🤍
花　径 1cm　**草　丈** 0.3〜1m
開花期 7〜10月
特　徴 収穫時期により夏ソバと秋ソバがある。花はミツバチの蜜源として利用される。

ユーパトリウム・ルゴサム
Eupatorium rugosum
キク科　耐寒性宿根草
原産地 北アメリカ東部
花　色 🤍
花序径 6cm　**草　丈** 1.5〜1.8m
開花期 7〜10月
特　徴 硬い茎が株立ちして分枝しながら立ち上がる。茎先に白い頭花が集まって咲く。

オオベンケイソウ（大弁慶草）
Sedum spectabile
ベンケイソウ科　耐寒性宿根草
原産地 中国、朝鮮
花　色 🌸
花序径 10cm　**草　丈** 30〜50cm
開花期 8〜10月
特　徴 肉厚の葉と茎をもつ多肉植物。茎先で別れてピンクの花序をいくつもつける。

オミナエシ（女郎花）
Patrinia scabiosifolia
オミナエシ科　耐寒性宿根草
原産地 日本を含む東アジア
花　色 🟡
花序径 5mm　**草　丈** 0.8〜1.2m
開花期 8〜10月
特　徴 根茎が這い広がり、細い茎先に黄色い小花の花序をつける。秋の七草のひとつ。

シュウカイドウ（秋海棠）
Begonia grandis
ヨウラクソウ（瓔珞草）
シュウカイドウ科　耐寒性宿根草
原産地 中国、東アジア
花　色 🌸
花　径 3cm　**草　丈** 40〜60cm
開花期 8〜10月
特　徴 古くに渡来し栽培される。花茎を垂れ下げて翼のある雌雄異花を咲かせる。

花のつき方で見わける✿傘状＆房状につく花　夏

花のつき方で見わける❀傘状＆房状につく花 夏〜秋

ダンギク（段菊）
Caryopteris incana

カリオプテリス
クマツヅラ科　耐寒性宿根草
原産地 日本、朝鮮、中国
花　色 🌸🌸🌸
花序径 3〜5cm　**草丈** 30〜70cm
開花期 8〜10月
特　徴 葉や茎は灰白色を帯びる。茎の上部の葉のつけ根に小花を段状に輪生する。

ヒガンバナ（彼岸花）
Lycoris radiata

マンジュシャゲ（曼珠沙華）
ヒガンバナ科　耐寒性球根
原産地 中国
花　色 🌸
花序径 10cm　**草丈** 40〜60cm
開花期 9月
特　徴 秋の彼岸の頃に咲く。細長い6弁花が茎先に5〜7輪つく。花後に葉が出る。

河原の土手や田畑のわきに植えられるが各地に名所も多い。

ニラ（韮）
Allium tuberosum

チャイニーズチャイブ
ユリ科　非耐寒性球根
原産地 パキスタン〜日本
花　色 🌸
花　径 1cm　**草丈** 50cm
開花期 8〜10月
特　徴 葉およびつぼみのついた茎を食用とする野菜。全体にニラ臭がある。

フジバカマ（藤袴）
Eupatorium fortunei

ランソウ（蘭草）
キク科　耐寒性宿根草
原産地 日本、中国
花　色 🌸
花序径 8cm　**草丈** 0.5〜1.2m
開花期 9〜10月
特　徴 秋の七草のひとつ。絶滅危惧種で、鉢物で出回る栽培品は花や茎の赤みが強い。

ネリネ
Nerine Hybrids

ダイアモンドリリー
ヒガンバナ科　半耐寒性球根
原産地 南アフリカ
花　色 🌸🌸🌸🌸🌸
花　径 3〜5cm　**草丈** 50cm
開花期 9〜11月
特　徴 花びらには金属光沢があり、縁が波打つものが多い。鉢植え切り花に利用。

花のつき方で見わける ✿ 傘状&房状につく花 秋〜冬

キンモクセイ（金木犀）
Osmanthus fragrans var.aurantiacus
モクセイ

モクセイ科　耐寒性常緑小高木
原産地 中国南部
花　色 🌼
花　径 5cm　**樹　高** 2〜6m
開花期 9〜10月
特　徴 甘い香りを放つ芳香花木の代表。雌雄異花で日本には雄株しかない。花どきには目に見えなくても甘い香りで開花を知らせる。

スイートアリッサム
Lobularia maritima
ニワナズナ（庭薺）

アブラナ科　耐寒性宿草（1年草）
原産地 地中海沿岸、カナリア諸島
花　色 🌸🌸🌸🌸🌼
花序径 2〜3cm　**草丈** 10〜15cm
開花期 10〜5月
特　徴 茎が這い広がり、芳香のある小花を半球状に咲かせる。グラウンドカバーに利用。

イソギク（磯菊）
Chrysanthemum pacificum

キク科　耐寒性宿根草
原産地 日本
花　色 🌼
花　径 1cm　**草　丈** 30〜40cm
開花期 10〜11月
特　徴 犬吠埼から御前崎、伊豆諸島の海岸に生える野草。菊人形などに利用される。

エピデンドルム
Epidendorum spp.

ラン科　非耐寒性多年草
原産地 熱帯アメリカ
花　色 🌸🌼🌺🌼🌼🌼
花径 2〜3cm　**草丈** 0.3〜2m
開花期 11〜3月
特　徴 樹上や岩上に着生するラン。細い茎先に半球状に花を咲かせる。花色は豊富。

カランコエ
Kalanchoe blossfeldiana
ベニベンケイ（紅弁慶）

ベンケイソウ科　非耐寒性宿根草
原産地 マダガスカル
花　色 🌸🌼🌺🌼🌼
花　径 1cm　**草　丈** 20〜30cm
開花期 11〜4月
特　徴 花の美しい多肉植物。4裂した筒形の小花が傘状につく。多彩な品種がある。

花のつき方で見わける
穂状につく花

アカリファ'キャッツテール'
Acalypha hispaniolae

トウダイグサ科　非耐寒性宿根草
原産地 西インド諸島
花　色 🌸🌼
花序長 5cm　**草　丈** 20〜50cm
開花期 1〜12月
特　徴 猫の尻尾のような穂状の花をつける。花色は濃淡がある。鉢物で出回る。

キブシ（木五倍子）
Stachyurus praecox

キフジ、マメフジ
キブシ科　耐寒性落葉低木
原産地 日本
花　色 🌼
花序長 3〜10cm　**樹高** 2〜4m
開花期 3〜4月
特　徴 よく枝分かれして小さなつぼ形花を穂状に垂れ下げる。八丈島産は花序が長い。

ヒアシンス
Hyacinthus orientalis

ヒヤシンス
ユリ科　耐寒性球根
原産地 ギリシア、シリア、小アジア
花　色 🌸🌺🌼🌷
花径 10〜15cm　**草丈** 20〜30cm
開花期 3〜4月
特　徴 直立した花茎に先が6裂した香りのよい花をつける。球根の水栽培もできる。

オランダで改良されて鮮やかな花色の品種がある。

フッキソウ（富貴草）
Pachysandra terminalis

ツゲ科　耐寒性常緑低木
原産地：日本、東アジア
花　色 🌼
花径 3〜4cm　**樹高** 20〜30cm
開花期 3〜4月
特　徴 花はしべだけで花弁はない。雌雄異株。グラウンドカバーに利用される。

花のつき方で見わける ✦ 穂状につく花 春

ブルビネラ
Bulbinella floribunda

バルビネラ

ユリ科　半耐寒性球根
原産地 南アフリカ
花　色 ❀❀✿
花序長 10〜15㎝　草丈 0.7〜1m
開花期 3〜4月
特　徴 茎を真っ直ぐ伸ばした先に6弁の星形の小花を穂状に咲き上げる。切り花に利用。

ヒメキンギョソウ（姫金魚草）
Linaria maroccana

ゴマノハグサ科　耐寒性1年草
原産地 モロッコ
花　色 ❀❀❀❀❀✿
花径 1.2〜2㎝　草丈 20〜30㎝
開花期 3〜5月
特　徴 金魚に似た花には後ろに突き出た距（きょ）がある。花後に切り戻すと再び開花。

花色が豊富で複色もあり、個性的な組み合わせが楽しめる。

ムスカリ
Muscari armeniacum

グレープヒアシンス

ユリ科　耐寒性球根
原産地 ヨーロッパ南東部〜コーカサス
花　色 ❀✿
花序長 3〜5㎝　草丈 15〜20㎝
開花期 3〜4月
特　徴 小さなつぼ形の花を穂状につける。別種ボトリオイデスには白花品種がある。

アジュガ
Ajuga reptans

セイヨウキランソウ

シソ科　耐寒性宿根草
原産地 ヨーロッパ〜イラン
花　色 ❀❀
花径 1.5㎝　草丈 10〜20㎝
開花期 4〜5月
特　徴 茎が這い広がり、立ち上がった茎先に花穂をつける。グラウンドカバーに最適。

イキシア
Ixia spp.

ヤリズイセン（槍水仙）

アヤメ科　耐寒性球根
原産地 南アフリカ
花　色 ❀❀❀❀❀✿
花径 3〜4㎝　草丈 30〜80㎝
開花期 4〜5月
特　徴 細い茎先に6弁花を穂状に咲かせる。花色の豊富な多数の品種がある。

193

花のつき方で見わける・穂状につく花 春

アメリカイワナンテン
Leucothoe fontanesiana
セイヨウイワナンテン
ツツジ科　耐寒性常緑低木
原産地 北アメリカ東南部
花　色 ○
花　径 5mm　樹　高 0.5〜1.5m
開花期 4〜5月
特　徴 葉につやがあり観葉鉢物にも利用。つぼ形の小花を穂状に垂れ下げる。

フジ（藤）
Wisteria floribunda
ノダフジ
マメ科　耐寒性落葉つる性木本
原産地 日本
花　色 ○ ○ ○
花　径 2cm　つるの長さ 5m〜
開花期 4〜5月
特　徴 花穂を垂れ下げて芳香のある花を群開する。別種に花のまばらなヤマフジがある。

よい香りを放ち花どきにはミツバチの格好の蜜源となる。

センダイハギ（先代萩）
Thermopsis lupinoides
バプティシア
マメ科　耐寒性宿根草
原産地 日本、朝鮮、東シベリア
花　色 ○
花　径 2cm　草　丈 40〜80cm
開花期 4〜5月
特　徴 東北以北の海岸砂浜に生える野草。ルピナスに似た花穂を立ち上げる。

ティアレラ
Tiarella spp.
ユキノシタ科　耐寒性宿根草
原産地 北アメリカ
花　色 ○ ○
花序長 10〜20cm　草丈 40〜50cm
開花期 4〜5月
特　徴 さまざまに切れ込んだ葉で模様が入るものもある。グラウンドカバーに利用。

ハナズオウ（花蘇芳）
Cercis chinensis
スオウバナ
マメ科　耐寒性落葉低木
原産地 中国
花　色 ○ ○
花　径 2cm　樹　高 2〜4m
開花期 4〜5月
特　徴 幹は立ち上がって枝分かれし、葉が出るより早く枝にびっしりと花を咲かせる。

ライラック
Syringa vulgaris
リラ、ムラサキハシドイ
モクセイ科　耐寒性落葉小高木
原産地 ヨーロッパ東部
花　色 🌸🌸🌼
花径 1～1.5㎝　**樹高** 2～4m
開花期 4～5月
特　徴 先が4裂した芳香花を咲かせる。北国の代表的花木で暖地での栽培は難しい。

ラグラス
Lagurus ovatus
ウサギノオ（兎の尾）
イネ科　耐寒性1年草
原産地 地中海沿岸
花　色 🌼
花序長 4㎝　**草丈** 15～40㎝
開花期 4～5月
特　徴 茎先に軟らかい毛でできた小さな穂をつくる。ドライフラワーにも利用される。

キバナルピナス
Lupinus luteus
イエロールピナス
マメ科　耐寒性一年草
原産地 地中海沿岸
花　色 🌼
花　径 2㎝　**草丈** 40～60㎝
開花期 4～6月
特　徴 花はかすかな香りがあり穂状につく。葉は掌状で茎ともに軟毛が生える。

クリムゾンクローバー
Trifolium incarnatum
ストロベリーキャンドル
マメ科　耐寒性1年草
原産地 ヨーロッパ
花　色 🌸🌼
花序長 5～7㎝　**草丈** 30～50㎝
開花期 4～6月
特　徴 シロツメクサと同じクローバーの仲間。イチゴのような赤い花穂をつける。

デルフィニウム
Delphinium Hybrids
ヒエンソウ（飛燕草）
キンポウゲ科　耐寒性宿根草
原産地 ヨーロッパ、小アジア
花　色 🌸🌸🌸🌼
花径 3～4㎝　**草丈** 0.8～1.5m
開花期 4～6月
特　徴 花は長い柄があり花茎に穂状につく。いくつかの系統と多数の品種がある。

ラークスパー
Consolida ambigua
チドリソウ（千鳥草）
キンポウゲ科　耐寒性1年草
原産地 ヨーロッパ
花　色 🌸🌸🌸🌼
花径 2～3㎝　**草丈** 0.8～1m
開花期 4～6月
特　徴 糸のような葉を羽状に広げ、長い花穂をつくって一重～八重花を咲き上げる。

花のつき方で見わける・穂状につく花　春

花のつき方で見わける → 穂状につく花 春

フリンジドラベンダー
Lavandula dentata
デンタータラベンダー

シソ科　耐寒性常緑低木
原産地 地中海沿岸
花　色 ✿
花序長 5～10㎝　**樹高** 30～60㎝
開花期 4～10月
特　徴 葉は線形でやすりのような凸凹がある。花穂の先端に色づいた苞をつける。

トチノキ（栃の木）
Aesculus turbinate

トチノキ科　耐寒性落葉高木
原産地 日本
花　色 ✿
花径 1.5㎝　**樹高** 20～30m
開花期 5月
特　徴 山地の沢沿いなどに生え大木になる。大きな葉を掌状につけ花穂を立ち上げる。

カマシア
Camassia lichitlinii

ユリ科　耐寒性球根
原産地 北アメリカ西部
花　色 ✿✿
花径 5㎝　**草丈** 0.6～1m
開花期 5～6月
特　徴 茎先の花穂に細長い6弁花を咲き上げる。基本種は白花だが青花品種が人気。

カリステモン
Callistemon speciosus
ブラシノキ

フトモモ科　非耐寒性常緑低木
原産地 オーストラリア
花　色 ✿✿
花序長 6～10㎝　**樹高** 2～3m
開花期 5～6月
特　徴 花は発達した赤い雄しべが多数集まり、試験管を洗うブラシによく似ている。

キングサリ（金鎖）
Laburnum×watereri
ゴールデンチェーン

マメ科　耐寒性落葉小高木
原産地 ヨーロッパ中部
花　色 ✿
花序長 40～60㎝　**樹高** 3～6m
開花期 5～6月
特　徴 花穂を垂れ下げて黄色い花を咲かせる。花穂の長い品種'ボッシー'が人気。

セージ
Salvia officinalis
ヤクヨウサルビア

シソ科　耐寒性宿根草
原産地 ヨーロッパ南部
花　色 ✿✿
花序長 10～15㎝　**草丈** 30～80㎝
開花期 5～6月
特　徴 殺菌、消化促進、解熱など薬用のほか肉料理やお茶に使われるハーブの代表。

花のつき方で見わける † 穂状につく花　春

ヒューケラ
Heuchera Hybrids

上は代表種のツボサンゴ。下は近縁のティアレラとの属間交配種ヒューケラ'キモノ'。

ユキノシタ科　耐寒性宿根草
原産地 北アメリカ
花　色 🌸🌸🌸🤍
花　径 0.5〜1cm　**草丈** 30〜80cm
開花期 5〜6月
特　徴 葉形と葉色が美しい品種が多数あり下草として人気。ツボサンゴがよく知られる。

ニセアカシア
Robinia pseudoacasia

ハリエンジュ（針槐）
バラ科　耐寒性落葉高木
原産地 北アメリカ
花　色 🤍
花　径 2cm　**樹高** 10〜15m
開花期 5〜6月
特　徴 葉は羽状で枝には刺がある。花穂を垂れ下げて甘い香りのする花を咲かせる。

ヒメエニシダ（姫金雀枝）
Cytisus scopalius

キバナエニシダ
マメ科　半耐寒性常緑低木
原産地 地中海沿岸
花　色 💛
花　径 1cm　**樹高** 0.3〜1m
開花期 5〜6月
特　徴 エニシダの仲間でより小型。枝先に花穂をつくり芳香花をつける。鉢物で出回る。

ベニバナトチノキ（紅花栃の木）
Aesculus×carnea

ベニバナマロニエ
トチノキ科　耐寒性落葉高木
原産地 交雑種
花　色 🌸
花序長 15〜25cm　**樹高** 5〜20m
開花期 5〜6月
特　徴 マロニエとアカバナトチノキの交雑種。この仲間にしては小型で街路樹に利用。

ラッセルルピナス
Lupinus Russel Group

ノボリフジ
マメ科　耐寒性宿根草（1年草）
原産地 交雑種
花　色 🌸🌺💜🩵💛🤍
花　径 2cm　**草丈** 0.9〜1.2m
開花期 5〜6月
特　徴 北米原産のポリフィルスを元に英国のラッセルがつくり出した大型の品種群。

ラムズイヤー
Stachys byzantina
スタキス、シルバーカーペット
シソ科　耐寒性宿根草
原産地 コーカサス、イラン
花　色 🌸
花　径 1cm　**草　丈** 40cm
開花期 5～6月
特　徴 株全体が白い軟毛に覆われた銀色で美しく、シルバーリーフとして利用される。

銀色の葉がとても目立つが花はあまり目立たない。

イングリッシュラベンダー
Lavandula angustifolia
コモンラベンダー
シソ科　耐寒性常緑低木
原産地 地中海沿岸
花　色 🌸
花序長 10cm　**樹　高** 40～80cm
開花期 5～7月
特　徴 香りに鎮静効果があるハーブ。ラベンダー油を採るために栽培されあ。

カライトソウ（唐糸草）
Sanguisorba hakusanensis

バラ科　耐寒性宿根草
原産地 日本
花　色 🌸
花序長 10cm　**草　丈** 40～80cm
開花期 5～7月
特　徴 高山の草地に生える野草。つぼみは上を向くが咲くにつれ花の重みで垂れる。

クロコスミア
Crocosmia×crocosmiflora
モントブレチア
アヤメ科　耐寒性球根
原産地 熱帯アフリカ
花　色 🌸🌸🌸
花　径 3～4cm　**草　丈** 0.5～1.5m
開花期 5～7月
特　徴 茎先に花序をつくり6弁花を咲き上げる。強健で暖地では野生化している。

コバノズイナ（小葉髄菜）
Itea virginica
アメリカズイナ
ユキノシタ科　耐寒性落葉低木
原産地 北アメリカ
花　色 🌸
花序長 5～8cm　**樹　高** 1～2m
開花期 5～7月
特　徴 枝先に小さなブラシのような花序をつくり白花を咲かせる。紅葉も美しい。

花のつき方で見わける❀穂状につく花 春

フレンチラベンダー
Lavandula stoechas

ストエカスラベンダー
シソ科　半耐寒性常緑低木
原産地 地中海沿岸
花　色 ❀❀
花序長 5㎝　**樹高** 30～60㎝
開花期 5～7月
特　徴 よい香りのする花穂のてっぺんにへら形の苞を4枚つける。葉は線形で灰緑色。

リナリア・プルプレア
Linaria purpurea

シュッコンリナリア
ゴマノハグサ科　耐寒性宿根草
原産地 南ヨーロッパ
花　色 ❀
花序長 4㎝　**草丈** 70～90㎝
開花期 5～7月
特　徴 線形の葉をつけた細い茎を立ち上げ、先に花穂をつくって小花を咲き上げる。

ネジバナ（捩花）
Spiranthes sinensis

モジズリ
ラン科　耐寒性宿根草
原産地 アジア～オーストラリア
花　色 ❀
花序長 5～15㎝　**草丈** 10～40㎝
開花期 5～8月
特　徴 日当たりのよい芝生や草地に生える地生ラン。花をらせん状に咲き上げる。

ベロニカ・スピカータ
Veronica spicata

ゴマノハグサ科　耐寒性宿根草
原産地 ヨーロッパ～東アジア
花　色 ❀❀❀❀
花序長 10～20㎝　**草丈** 20～60㎝
開花期 5～8月
特　徴 茎は直立するか斜上しながら上部で分かれ、長い花穂をつくる。群植すると見事。

ケイトウ（鶏頭）
Celosia cristata

ウモウゲイトウ、トサカゲイトウ
ヒユ科　非耐寒性1年草
原産地 東南アジア、インド
花　色 ❀❀❀❀
花序長 8～15㎝　**草丈** 0.2～1m
開花期 5～10月
特　徴 花穂の形からトサカ系とウモウ系に大別される。茎の上部でよく枝分かれする。

上は混植したウモウゲイトウ、下はトサカゲイトウ。

花のつき方で見わける・穂状につく花 春〜夏

キャットミント
Nepeta × faassenii
ネペタ
シソ科　耐寒性宿根草
交雑種
花 色 ✿
花径 1〜1.5cm　**草丈** 30〜50cm
開花期 5〜10月
特　徴 茎は枝分かれして立ち上がり、濃い色の斑点のある花が穂状に咲き上げる。

サルビア・スプレンデンス
Salvia splendens
サルビア、ヒゴロモソウ
シソ科　非耐寒性1年草
原産地 ブラジル
花 色 ✿✿✿✿✿
花長 1.5〜5cm　**草丈** 25〜50cm
開花期 5〜10月
特　徴 筒形の花を穂状につけ古くから親しまれている。単にサルビアとも呼ばれる。

サルビア・ネモローサ
Salvia nemorosa
サルビア・シルベストリス
シソ科　耐寒性宿根草
原産地 ヨーロッパ〜中央アジア
花 色 ✿✿✿
花径 1cm　**草丈** 40〜60cm
開花期 5〜10月
特　徴 茎分かれしながら直立し、長い花穂に小花を咲き上げる。群植すると見事。

デュランタ
Duranta erecta
ハリマツリ、タイワンレンギョウ
クマツヅラ科　非耐寒性常緑低木
原産地 フロリダ〜ブラジル
花 色 ✿✿
花径 1〜1.5cm　**樹高** 0.5〜2m
開花期 5〜11月
特　徴 立ち上がって横に広がる。枝先の花穂を垂れ下げて先が5裂した花を咲かせる。

トリトマ
Kniphofia Hybrids
トーチリリー、クニフォフィア
ユリ科　耐寒性宿根草
原産地 南アフリカ
花 色 ✿✿✿✿✿
花 長 1〜5cm　**草丈** 0.8〜1m
開花期 5〜11月
特　徴 太い花茎の先に花序をつくり筒形花を咲き上げる。大小多数の品種がある。

イヌタデ (犬蓼)
Polygonum longisetum
アカマンマ
タデ科　耐寒性1年草
原産地 日本、樺太、朝鮮、中国、ヒマラヤなど
花 色 ✿
花序長 1〜5cm　**草丈** 20〜50cm
開花期 6〜10月
特　徴 道ばたや空地に生える野草。葉に辛味がなく役に立たないので名に犬がついた。

花のつき方で見わける・穂状につく花 夏

カシワバアジサイ（柏葉紫陽花）
Hydrangea quercifolia

上は二重咲きの'スノーフレーク'、下は'スノークイーン'。

ユキノシタ科　耐寒性落葉低木
原産地 北アメリカ
花　色 🌸
花径 2〜3cm　**樹高** 1〜2m
開花期 6〜7月
特　徴 カシワに似た葉をつける。枝先に巨大な花序をつける。秋の紅葉も美しい。

オカトラノオ（岡虎の尾）
Lysimachia clethroides

サクラソウ科　耐寒性宿根草
原産地 日本、朝鮮、中国
花　色 🌸
花　径 1cm　**草　丈** 50〜90cm
開花期 6〜7月
特　徴 茎先にゆるやかに波打つ花穂をつくり5弁の白花を咲き上げる。

ガマ（蒲）
Typha latifolia

ガマ科　耐寒性宿根草
原産地 北半球の温帯
花　色 🌺
花序長 10〜20cm　**草丈** 1.5〜2m
開花期 6〜7月
特　徴 川や池の縁に群生する野草。雌花穂がよく目立ち上の雄花穂は目立たない。

パイナップルリリー
Eucomis autumnalis

ユーコミス

ユリ科　耐寒性球根
原産地 南アフリカ
花　色 🌸
花序長 10〜30cm　**草丈** 40〜80cm
開花期 6〜7月
特　徴 花穂の上に緑の苞がつきパイナップルの実に似る。花色は白から緑に変化する。

ポンテデリア
Pontederia cordata

ナガバミズアオイ

ミズアオイ科　耐寒性宿根草
原産地 北アメリカ南部
花　色 🌸
花序長 10cm　**草　丈** 1.2m
開花期 6〜7月
特　徴 長いハート形の葉をもつ水生植物。花穂に黄色い斑点のある小花を咲かせる。

花のつき方で見わける † 穂状につく花 夏

ムラサキセンダイハギ (紫先代萩)
Baptisia australis
バプティシア
マメ科　耐寒性宿根草
原産地 北アメリカ東部
花　色 ✿
花　径 2～3cm　**草丈** 1m
開花期 6～7月
特　徴 株立ちして長い花穂に蝶形花を咲き上げる。葉は長卵形で3枚ずつつく。

アカンサス
Acanthus mollis
ハアザミ (葉薊)
キツネノマゴ科　耐寒性宿根草
原産地 地中海沿岸
花　色 ✿
花　径 5cm　**草丈** 1m
開花期 6～8月
特　徴 存在感のある雄大な花穂を伸ばしてうす紫色の苞に入った白花を咲かせる。

切れ込みのある葉はギリシアの柱模様に始まり、彫刻や絵画のアカンサス模様として有名。

ウツボグサ (靫草)
Prunella vulgaris subsp. asiatica
カコソウ (夏枯草)
シソ科　耐寒性宿根草
原産地 日～シベリア東南部
花　色 ✿
花序長 5～8cm　**草丈** 20～30cm
開花期 6～8月
特　徴 矢を入れるうつぼに似た花穂に唇形花を咲かせる。花穂を利尿薬として利用。

セイヨウニンジンボク (西洋人参木)
Vitex agnus-castus

クマツヅラ科　耐寒性落葉低木
原産地 南ヨーロッパ～西アジア
花　色 ✿✿
花序長 15～20cm　**草丈** 2～3m
開花期 6～8月
特　徴 細長い葉を掌状につけた枝先に複数の花穂をつくる。花には芳香がある。

リョウブ (令法)
Clethra barbinervis
ハタツモリ
リョウブ科　耐寒性落葉高木
原産地 日本、朝鮮半島
花　色 ✿
花序長 10～20cm　**草丈** 3～7m
開花期 6～8月
特　徴 分枝して花穂を数個つくり白い5弁花を咲かせる。新芽を天ぷらなど食用にする。

バジル
Ocimum basilicum
メボウキ
シソ科　半耐寒性1年草
原産地 熱帯と亜熱帯アジア
花　色
花序長 10〜15㎝　**草丈** 30〜60㎝
開花期 6〜9月
特　徴 芳香があってトマトやチーズと相性がよく、イタリア料理に欠かせないハーブ。

ヒソップ
Hyssopus officinalis
ヤナギハッカ
シソ科　耐寒性宿根草（常緑低木）
原産地 ヨーロッパ東部〜南部
花　色
花序長 5〜8㎝　**草丈** 40〜60㎝
開花期 6〜9月
特　徴 ミントに似た芳香を放つハーブ。料理、お茶に利用するほか薬用にもされる。

ペパーミント
Mentha×piperita
セイヨウハッカ
シソ科　耐寒性宿根草
原産地 交雑種
花　色
花序長 5〜8㎝　**草丈** 30〜90㎝
開花期 6〜9月
特　徴 すっきりとした強い香りをもつハーブ。料理のほか鎮静効果や消化促進に利用。

ヨウシュヤマゴボウ（洋種山牛蒡）
Phytolacca americana
インクベリー
ヤマゴボウ科　耐寒性宿根草
原産地 北アメリカ
花　色
花序長 6〜10㎝　**草　丈** 1m
開花期 6〜9月
特　徴 明治初期に渡来し野生化。実は黒く熟し汁が衣服につくとおち難い。有毒植物。

グラジオラス
Gladiolus Hybrids
トウショウブ（唐菖蒲）
ユキノシタ科　耐寒性落葉低木
原産地 北アメリカ
花　色
花　径 5〜10㎝　**草　丈** 1〜2m
開花期 6〜10月
特　徴 花径3㎝から14㎝まで大小さまざまな品種がある。春に咲く原種系も多数ある。

サルビア'インディゴスパイア'
Salvia 'Indigo Spires'
シソ科　耐寒性宿根草
原産地 メキシコ
花　色
花序長 15〜30㎝　**草丈** 1.5〜2m
開花期 6〜10月
特　徴 茎がのたうちながら生長する。たいへん丈夫で伸びすぎたら切り戻すとよい。

花のつき方で見わける・穂状につく花　夏

花のつき方で見わける ✦ 穂状につく花 夏

ブッドレア
Buddleja davidii

フサフジウツギ（房藤空木）
フジウツギ科　耐寒性落葉低木
原産地 中国
花　色 🌸🌸🌺🌼🌼🌼
花序長 15～30㎝　**樹高** 1～2ｍ
開花期 6～10月
特　徴 枝が横に広がり株元から分枝して花穂をつくり芳香のある花を咲かせる。

サルビア・グアラニティカ
Salvia guaranitica

メドーセージ
シソ科　耐寒性宿根草
原産地 南アメリカ
花　色 🌸
花序長 10～20㎝　**草丈** 1～1.5ｍ
開花期 6～11月
特　徴 大きく口を開いた唇形花を同方向に咲き上げる。茎には粘りがある。萼が黒い。

花壇の縁に植えると傾いた花穂が茂みの中から顔を出す。

サルビア・コクシネア
Salvia coccinea

ベニバナサルビア
シソ科　非耐寒性宿根草（1年草）
原産地 熱帯アメリカ
花　色 🌸🌸🌼
花序長 10㎝　**草丈** 30～60㎝
開花期 6～11月
特　徴 暑さに強くたいへん丈夫で長く咲く。赤い花から白いしべが突き出てよく目立つ。

クガイソウ（九蓋草）
Veronicastrum sibiricum

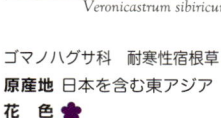

ゴマノハグサ科　耐寒性宿根草
原産地 日本を含む東アジア
花　色 🌸
花序長 20㎝　**草丈** 0.8～1.3ｍ
開花期 7～8月
特　徴 山地の草地に生える野草。名は輪生する葉が連なることから。長い花穂をつける。

クズ（葛）
Pueraria lobata

マメ科　耐寒性つる性宿根草
原産地 日本、朝鮮、中国
花　色 🌸
花序長 10～20㎝　**つるの長さ** 5ｍ～
開花期 7～9月
特　徴 つるを伸ばして大きな葉を広げる野草。根のでんぷんが葛粉。秋の七草のひとつ。

花のつき方で見わける・穂状につく花 夏

コマツナギ（駒繋ぎ）
Indigofera pseudo-tinctoria

マメ科　耐寒性落葉低木
原産地 日本、朝鮮、中国
花　色 🌸
花序長 4～10㎝　**樹高** 40～80㎝
開花期 7～9月
特　徴 川の土手や草地などに生える草本状の低木。茎が馬をつなげるほど丈夫。

ノゲイトウ（野鶏頭）
Celosia argentea

ヒユ科　非耐寒性1年草
原産地 熱帯に広く分布
花　色 🌸🌸
花序長 8～12㎝　**草丈** 60～80㎝
開花期 7～9月
特　徴 暖地の畑や空き地に野生化。茎がよく分かれて先が尖った花穂になる。

ノシラン（熨斗蘭）
Ophiopogon jaburan

ユリ科　耐寒性常緑宿根草
原産地 日本、済州島
花　色 🌸🌼
花序長 7～13㎝　**草丈** 40～60㎝
開花期 7～9月
特　徴 細長い葉を茂らせる野草。ヤブランに似るがランナーは出ない。実は青く熟す。

フィソステギア
Physostegia virginiana

カクトラノオ、ハナトラノオ
シソ科　耐寒性宿根草
原産地 北アメリカ
花　色 🌸🌼
花序長 15～30㎝　**草丈** 40～80㎝
開花期 7～9月
特　徴 茎に稜があり先の尖った花穂に筒形花を咲き上げる。寒さに強くたいへん丈夫。

ミソハギ（禊萩・溝萩）
Lythrum anceps

ボンバナ（盆花）
ミソハギ科　耐寒性宿根草
原産地 日本、朝鮮
花　色 🌸🌺
花序長 25～30㎝　**草丈** 0.5～1m
開花期 7～9月
特　徴 山野の湿地に生える野草。名はお盆の供花など祭事に用いることに由来する。

リアトリス
Latris spicata

キリンギク（麒麟菊）
キク科　耐寒性宿根草
原産地 北アメリカ
花　色 🌸🌺🌼
花序長 30㎝　**草丈** 1～1.5m
開花期 7～9月
特　徴 細い茎の中ほどから花穂をつくり、短い糸状の花を密生し上から咲き下る。

花のつき方で見わける・穂状につく花 夏

ロベリア・スペシオサ
Lobelia×speciosa
シュッコンロベリア
キキョウ科　耐寒性宿根草
原産地 交雑種
花　色 🌸🌸
花序長 20～30cm　**草丈** 0.7～1m
開花期 7～9月
特　徴 ベニバナサワギキョウなどを元にした交雑種。直立した赤い茎に花穂をつける。

ツルボ（蔓穂）
Scilla scilloides
サンダイガサ（参内傘）
ユリ科　耐寒性球根
原産地 日本～中国、ウスリー
花　色 🌸
花序長 3～10cm　**草丈** 20～40cm
開花期 8～9月
特　徴 日当たりのよい山野に生える野草。直立した茎先に花穂をつける。

ヤブミョウガ（薮茗荷）
Pollia japonica
ツユクサ科　耐寒性宿根草
原産地 日本、東アジア
花　色 ○
花序長 5～10cm　**草丈** 0.5～1m
開花期 8～9月
特　徴 山中の林内に生える野草。細長い茎の途中に葉をつけ、茎先に白い花が咲く。

ヤブラン（薮蘭）
Liriope muscari
リリオペ
ユリ科　耐寒性宿根草
原産地 日本、朝鮮、中国
花　色 🟣
花序長 10cm　**草　丈** 30cm
開花期 8～9月
特　徴 山野の木陰に生える野草。白斑入り葉品種がグラウンドカバーに利用される。

ビロードモウズイカ
Verbascum thapsus
ゴマノハグサ科　耐寒性2年草
原産地 地中海沿岸
花　色 🟡
花序長 20～50cm　**草丈** 1～2m
開花期 8～9月
特　徴 寒地を中心に野生化。葉や茎は短毛で覆われビロードのようになる。

オオケタデ（大毛蓼）
Polygonatum orientale
タデ科　耐寒性1年草
原産地 南アジア～東アジア
花　色 🌸
花序長 5～12cm　**草丈** 1～2m
開花期 8～10月
特　徴 江戸時代に観賞用として渡来し各地で野生化。全体に毛が多く生えている。

花のつき方で見わける・穂状につく花 秋〜冬

サルビア・レウカンサ
Salvia leucantha
アメジストセー
シソ科　半耐寒性宿根草
原産地 中央アメリカ
花　色 ○　苞 ✿
花序長 10〜20㎝　**草丈** 0.5〜2m
開花期 9〜12月
特　徴 茎が斜めに立ち上がり、紫色の苞から筒形の白花を咲かせる。群植すると見事。

サルビア・エレガンス
Salvia elegans
パイナップルセージ
シソ科　耐寒性宿根草
原産地 メキシコ、グアテマラ
花　色 ✿
花序長 20〜30㎝　**草丈** 1〜1.5m
開花期 10〜11月
特　徴 茎先の花穂にパイナップルに似た甘い香りのある筒形花を咲かせる。

セイタカアワダチソウ（背高泡立草）
Solidago altissima
セイタカアキノキリンソウ
キク科　耐寒性宿根
原産地 北アメリカ
花　色 ✿
花序長 10〜50㎝　**草丈** 2.5m
開花期 10〜11月
特　徴 観賞用に導入したものが戦後に野生化した。川原の土手や空き地に生える。

さまざまな色を取り混ぜて植えるとにぎやかで楽しい。

ストック
Matthiola incana
アラセイトウ
アブラナ科　耐寒性1年草
原産地 南ヨーロッパ
花　色 ✿✿✿✿✿
花　径 3㎝　**草　丈** 30〜60㎝
開花期 11〜4月
特　徴 花は一重と八重咲きがあり芳香がある。晩秋から春まで長く咲き続ける。

ハーデンベルギア
Hardenbergia violacea
コマチフジ
マメ科　半耐寒性常緑つる性木本
原産地 オーストラリア
花　色 ✿○
花序長 5㎝　**つるの長さ** 5m〜
開花期 12〜5月
特　徴 つるの先の花穂に黄色い斑点のある蝶形花を咲かせる。冬に鉢物で出回る。

花のつき方で見わける
円錐状につく花

スモークツリー
Cotinus coggygria

ハグマノキ、ケムリノキ
ウルシ科　耐寒性落葉低木
原産地 中国～南ヨーロッパ
花　色 🌸🌼
花序径 30㎝　**樹高** 3～5m
開花期 5～6月
特　徴 枝先に花序をつくり、花後に残った柄が伸びて羽毛のようになり美しい。

花の咲いたあとに花の柄が伸びて煙のようになり面白い。

ユーフォルビア'ダイアモンドフロスト'
Euphorbia hypericifolia 'Diamond Frost'
ユキハナソウ

トウダイグサ科　非耐寒性宿根草
原産地 メキシコ
花　色 🌼
花序径 3～5㎝　**草丈** 30～40㎝
開花期 4～10月
特　徴 茎先に多数の小さな花序をつくる。豆粒のような花を囲む白い苞が美しい。

ナンテン（南天）
Nandina domestica

メギ科　耐寒性常緑低木
原産地 日本、中国
花　色 🌼
花径 6㎜　**樹高** 0.5～2m
開花期 5～6月
特　徴 細く硬い茎に尖った葉を広げ、枝先に大きな花序をつくる。実は秋に赤く熟す。

アスチルベ
Astilbe×hybrida

ユキノシタ科　耐寒性宿根草
原産地 南アジア
花　色 🌸🌺🌼
花序長 30㎝　**草丈** 0.4～1m
開花期 5～7月
特　徴 炎のような花序をつくり小さな花を群開する。初夏の庭の花の代表的存在。

花のつき方で見わける・円錐状につく花

カスミソウ（霞草）
Gypsophila elegans

ジプソフィラ

ナデシコ科　耐寒性1年草
原産地 西アジア
花　色 🌸🤍
花　径 1cm　**草　丈** 60cm
開花期 5～7月
特　徴 よく分枝して大きな花序をつくり小さな花を群開する。丈夫で花壇に利用が多い。

シュッコンカスミソウ（宿根霞草）
Gypsophila paniculata

シプソフィラ

ナデシコ科　耐寒性宿根草
原産地 ヨーロッパ
花　色 🌸🤍
花　径 1cm　**草丈** 1m
開花期 6～7月
特　徴 一重または八重の小さな花を群開する。優雅な雰囲気で切り花として利用が多い。

シュッコンスターチス
Limonium latifolia

イソマツ科　非耐寒性宿根草
原産地 ロシア南部
花　色 🌸🟣🤍
花　径 5mm　**草　丈** 40～60cm
開花期 6～7月
特　徴 針金のような茎がよく分枝しして小さな花を咲かせる。多数の種類と品種がある。

ニワナナカマド（庭七竈）
Sorbaria kirilowii

チンシバイ（珍糸梅）

バラ科　耐寒性落葉低木
原産地 中国北部
花　色 🤍
花序長 10～20cm　**樹高** 3～5m
開花期 6～8月
特　徴 明るい緑色の葉が羽状につき、枝先に白い小花を円錐状に咲かせる。切り花に利用。

ユウギリソウ（夕霧草）
Trachelium caeruleum

トラケリウム

キキョウ科　半耐寒性宿根草（1年草）
原産地 地中海沿岸
花　色 🌸🟣🤍
花序径 10cm　**草丈** 0.3～1m
開花期 6～9月
特　徴 直立した細い茎先に花所を作り、星形で雄しべが突き出た小さな花を群開する。

カラミンサ
Calamintha nepeta

シソ科　耐寒性宿根草
原産地 地中海沿岸～ウクライナ
花　色 🤍
花　径 5mm　**草　丈** 30～40cm
開花期 6～11月
特　徴 ミントの香りがするハーブで、葉のお茶は風邪や鎮静、消化促進の効果がある。

花のつき方で見わける・円錐状につく花

タケニグサ（竹似草・竹煮草）
Macleaya cordata
チャンパギク
ケシ科　耐寒性宿根草
原産地 日本
花　色 ✿
花序長 40～90㎝　草丈 1～2ｍ
開花期 7～8月
特　徴 複雑に切れた葉と大きな花序をつくる。花はしべだけで花弁はない。有毒植物。

サルスベリ（猿滑り・百日紅）
Lagerstroemia indica
ミソハギ科　耐寒性落葉低木
原産地 中国
花　色 ✿✿✿✿
花径 3～4㎝　樹高 1～5ｍ
開花期 7～9月
特　徴 花は6弁で花びらの先は縮れる。枝先に花序をつくり夏を通して咲き続ける。

夏空を背景に入道雲のようにもくもくと花房が湧き出る。

ソリダスター
×*Solidaster luteus*
キク科　耐寒性宿根草
原産地 属間交雑種
花　色 ✿
花径 1㎝　草丈 0.6～1ｍ
開花期 7～9月
特　徴 ソリダゴとアスターという異属同士の交雑種。黄色い小花が花火のように咲く。

ジャノメエリカ（蛇の目エリカ）
Erica canaliculata
ツツジ科　半耐寒性常緑低木
原産地 南アフリカ
花　色 ✿
花径 4～5㎜　樹高 0.3～2ｍ
開花期 11～4月
特　徴 細かく枝分かれして花序をつくり、黒いしべがのぞくつぼ形の小花を密生する。

ユーリオプス'ゴールデンクラッカー'
Euryops virgineus
キク科　耐寒性常緑低木
原産地 南アフリカ
花　色 ✿
花径 1㎝　樹高 0.15～1.2ｍ
開花期 12～5月
特　徴 株元からよく枝分かれして長い柄につく小花を咲かせる。

パート 1 & パート 2 花名索引

＊P8～78 は「パート 1 花色カタログ」掲載ページ。
P80～210 は「パート 2 花形＆花のつき方で見分ける」掲載ページ。

ア

アイスランドポピー 8・22・46・52・62・81
アイビーゼラニウム 12・24・37・141
アカバナトチノキ ･･････････ 25・134
アガパンサス ････････ 41・70・176
アカリファ'キャッツテール' 22・192
アカンサス ･･･････････ 71・202
アキメネス ･････････････ 17・124
アキレア ････ 17・28・50・58・72・188
アクイレギア 13・25・38・56・67・93
アークトチス・ハーレクイングループ 20・75・169
アグロステンマ ･･･････････ 13・67・93
アケビ ･･･････････ 34・76・80
アケボノフウロ ･････････ 11・91
アゲラタム ･･･････････ 40・70・171
アサガオ ･･････ 18・29・43・125
アサツキ ･･････････ 38・175
アザレア ･･････ 18・29・116
アジサイ ･･････････ 41・186
アジュガ ･･････････ 34・193
アスクレピアス ･･････ 26・57・184
アスター ･･･ 17・28・42・58・72・163
アスチルベ ･････････ 14・26・208
アストランチア ･･････ 16・27・186
アセビ ･･････････ 8・62・128
アッツザクラ ･･････････ 11・107
アーティチョーク ･･････ 42・171
アネモネ ･･････ 9・22・33・112
アネモネ・ブランダ ･････ 32・156
アノマテカ ･･････ 13・67・108
アフェランドラ'ダニア' ･･ 59・152
アブチロン ･･･ 13・25・47・55・92
アプテニア ･････････ 29・165

アフリカンマリーゴールド 49・57・163
アベリア ･････････ 17・72・124
アマドコロ ･･･････････ 64・131
アマリリス 13・25・48・67・77・121
アメリカアジサイ'アナベル' 71・177
アメリカイワナンテン ･･ 64・194
アメリカデイゴ ･････ 28・151
アメリカフヨウ ･･ 18・29・102
アメリカンブルー ･･････ 41・97
アヤメ ･･･････････ 37・67・173
アラマンダ ･････････ 57・122
アリウム・ギガンチウム ･･ 38・175
アリウム・モリー ･･････ 56・181
アルケミラ・モリス ･･ 77・181
アルストロメリア 11・24・36・47・55・140
アルメリア ･････････ 10・174
アロエ ･････････････ 31・137
アンゲロニア ･･ 40・70・143
アンズ ･････････････ 8・87
アンスリウム ･･ 15・26・48・77・150

イ

イエローサルタン ･･････ 54・158
イカリソウ ･････････ 33・82
イキシア ･････ 10・34・54・193
イソギク ･････････ 60・191
イソトマ ･･････ 15・40・143
イチゴ ･････････････ 63・88
イチハツ ･････････ 34・172
イトバハルシャギク ･･ 58・163
イトラン ･･････････ 71・136
イヌタデ ･････････ 28・200
イベリス・ウンベラータ 11・24・36・180

イベリス・センペルビレンス 63・178
イモカタバミ ･･･････････ 15・96
イリス・レティクラータ ･･ 32・172
イワタバコ ･･････････ 41・99
インカノカタバミ ･････ 18・100
インカルビレア ･･ 38・67・122
イングリッシュラベンダー 39・198
インドハマユウ ･･････ 72・124
インパチエンス 15・26・48・70・143

ウ

ウインターコスモス ･･････ 60・168
ウォールフラワー ･･･ 30・51・60・85
ウキツリボク ･････････ 25・133
ウコン ･･････････ 74・153
ウツギ ･････････････ 69・185
ウツボグサ ･････････ 41・202
ウメ ････････ 8・22・62・105
ウンシュウミカン ･･････ 67・94
ウンナンオウバイ ･･･ 52・112
ウンナンサクラソウ ･････ 8・86

エ

エキザカム ･･････････ 43・100
エキナセア ･･････ 17・42・164
エゴノキ ･･･････ 13・67・94
エスキナンサス ･･････ 48・135
エニシダ ･･････････ 55・142
エピデンドルム 21・31・45・51・61・75・191
エビネ ･･････ 34・76・139
エラチオールベゴニア 31・51・61・117
エリカ'クリスマスパレード' 21・137
エリゲロン・カルビンスキアヌス 15・161

エリンジウム・プラヌム ‥‥ 41・176		カンヒザクラ ‥‥‥‥‥‥‥‥ 22・128
エレモフィラ ‥‥‥‥‥‥‥ 34・131		
エンゼルストランペット 18・59・73・125	**カ**	**キ**
エンドウ ‥‥‥‥‥‥‥ 34・64・139	ガイラルディア ‥‥‥‥ 29・59・165	キウイフルーツ ‥‥‥‥‥‥ 67・93
	ガウラ ‥‥‥‥‥‥‥‥ 18・73・145	キエビネ ‥‥‥‥‥‥‥‥‥ 54・140
オ	カキツバタ ‥‥‥‥‥‥‥‥ 37・173	キカラスユリ ‥‥‥‥‥‥‥ 73・155
オイランソウ ‥‥‥‥ 17・43・72・101	ガクアジサイ ‥‥‥‥ 27・41・71・186	キキョウ ‥‥‥‥‥‥‥‥‥ 42・100
オウバイ ‥‥‥‥‥‥‥‥‥ 52・118	ガザニア ‥‥‥ 12・25・47・55・66・160	キク 20・21・30・51・61・75・78・169
オオアマナ ‥‥‥‥‥‥‥‥ 64・107	カシワバアジサイ ‥‥‥‥‥ 71・201	キクイモモドキ ‥‥‥‥‥‥ 58・164
オオイヌノフグリ ‥‥‥‥‥‥ 33・81	カスミソウ ‥‥‥‥‥‥ 26・69・209	キショウブ ‥‥‥‥‥‥‥‥ 54・172
オオインコアナナス ‥‥‥‥‥ 28・151	カタクリ ‥‥‥‥‥‥‥‥‥‥ 8・106	キソケイ ‥‥‥‥‥‥‥‥‥ 56・121
オオキンケイギク ‥‥‥‥‥ 56・161	カトレア ‥‥‥ 20・30・45・51・60・78・146	キダチベゴニア ‥‥‥‥‥ 13・47・181
オオケタデ ‥‥‥‥‥‥‥‥ 20・206	カーネーション 12・24・47・55・66・77・114	キツネノカミソリ ‥‥‥‥‥ 50・126
オオデマリ ‥‥‥‥‥‥‥ 13・67・175	カノコユリ ‥‥‥‥‥‥ 18・29・109	キバナカイウ ‥‥‥‥‥‥‥ 56・149
オオハンゴンソウ ‥‥‥‥‥ 59・166	ガーベラ ‥‥‥ 11・24・47・55・65・160	キバナコスモス ‥‥‥‥ 27・49・57・162
オオベンケイソウ ‥‥‥‥‥ 19・189	ガマ ‥‥‥‥‥‥‥‥‥‥‥ 78・201	キバナノコギリソウ ‥‥‥‥‥ 58・187
オオマツヨイグサ ‥‥‥‥‥ 59・125	カマシア ‥‥‥‥‥‥‥‥‥ 38・196	キバナルピナス ‥‥‥‥‥‥ 55・195
オオムラサキ ‥‥‥‥‥‥‥ 34・119	カライトソウ ‥‥‥‥‥‥‥ 14・198	キブシ ‥‥‥‥‥‥‥‥‥‥ 52・192
オカトラノオ ‥‥‥‥‥‥‥ 71・201	カラスノエンドウ ‥‥‥‥‥ 34・139	ギボウシ ‥‥‥‥‥‥‥‥‥ 41・123
オキシペタルム ‥‥‥‥‥‥‥ 40・96	カラタネオガタマ ‥‥‥‥ 38・56・108	キャットミント ‥‥‥‥‥‥ 40・200
オクラ ‥‥‥‥‥‥‥‥‥‥ 60・102	カラテア・クロカータ ‥‥‥ 46・148	キュウコンベゴニア ‥‥ 13・47・55・114
オジギソウ ‥‥‥‥‥‥‥‥ 19・177	カラミンサ ‥‥‥‥‥‥‥‥ 73・209	キュウリ ‥‥‥‥‥‥‥‥‥‥ 56・95
オシロイバナ ‥‥‥‥‥‥ 17・28・124	カランコエ ‥‥‥‥‥ 31・51・61・191	キョウチクトウ ‥‥‥‥ 18・29・73・102
オステオスペルマム 9・34・46・54・63・157	カランコエ'ウエンディ' ‥‥ 22・128	ギリア・トリコロール ‥‥‥‥ 36・91
オダマキ ‥‥‥‥‥‥‥‥‥‥ 39・96	カリステモン ‥‥‥‥‥‥‥ 25・196	ギリア・レプタンサ ‥‥‥‥ 36・174
オトメギキョウ ‥‥‥‥‥‥‥ 35・89	カリフォルニアライラック 33・174	キリンソウ ‥‥‥‥‥‥‥‥ 58・187
オドリコソウ ‥‥‥‥‥‥‥‥ 9・178	カリブラコア ‥‥‥‥‥ 12・37・120	キルタンサス ‥‥‥‥‥‥‥ 51・127
オニユリ ‥‥‥‥‥‥‥‥‥ 50・109	カリン ‥‥‥‥‥‥‥‥‥‥‥ 10・89	キンギョソウ ‥‥‥‥ 12・24・47・55・66・141
オミナエシ ‥‥‥‥‥‥‥‥ 60・189	カルセオラリア ‥‥‥‥ 22・46・52・148	キングサリ ‥‥‥‥‥‥‥‥ 56・196
オランダカイウ ‥‥‥‥‥ 67・77・149	ガルトニア ‥‥‥‥‥‥‥‥ 73・137	キングプロテア ‥‥‥‥‥‥ 14・149
オリエンタルポピー ‥‥‥ 13・48・108	カルミア ‥‥‥‥‥‥‥ 13・25・68・175	キンシバイ ‥‥‥‥‥‥‥‥‥ 58・98
オリーブ ‥‥‥‥‥‥‥‥‥ 68・181	カレンデュラ"冬知らず" ‥‥ 61・170	キンセンカ ‥‥‥‥‥‥ 46・52・156
オルフィウム ‥‥‥‥‥‥‥‥ 16・98	カロライナジャスミン ‥‥‥ 52・118	キントラノオ ‥‥‥‥‥‥‥ 59・100
オルレア ‥‥‥‥‥‥‥‥‥ 65・180	カワラナデシコ ‥‥‥‥‥‥ 17・100	ギンバイカ ‥‥‥‥‥‥‥‥‥ 70・98
オレガノ ‥‥‥‥‥‥‥‥‥ 17・188	カンガルーポー ‥‥‥‥ 23・54・76・130	キンモクセイ ‥‥‥‥‥‥‥ 50・191
オンシジウム ‥‥‥‥‥ 50・60・146	カンツバキ ‥‥‥‥‥‥‥ 21・31・117	ギンヨウアカシア ‥‥‥‥‥ 52・178
	カンナ ‥‥‥‥‥‥‥ 18・29・50・145	
	カンパヌラ・グロメラタ ‥‥ 39・183	
	カンパヌラ・ペルシキフォリア 39・95	
	カンパヌラ・ラクティフロラ ‥ 43・101	
	カンパヌラ・ラプンクロイデス 39・134	

ク

項目	ページ
クガイソウ	43・204
クサギ	73・102
クジャクアスター	20・44・74・167
クズ	43・204
グズマニア	15・26・150
クチナシ	71・109
グラジオラス	17・28・43・49・59・78・203
クラスペディア	59・177
クリサンセマム・パルドーサム	75・170
クリサンセマム・ムルチコーレ	53・157
クリスマスローズ	8・22・62・76・87
クリーピングタイム	42・176
クリムゾンクローバー	24・195
クリンソウ	11・91
クルクマ'シャローム'	19・153
クルメツツジ	10・23・46・119
クレオメ	17・43・73・144
クレマチス	25・37・66・111
クレマチス・アーマンディー	62・82
クレマチス・モンタナ	64・83
グロキシニア	37・120
クロコスミア	26・48・56・198
クロサンドラ	48・57・143
クロッカス	32・52・118
グロッバ	15・39・150
クロバナロウバイ	77・115
クロユリ	76・131
グロリオサ	28・49・58・109
クンシラン	46・106

ケ

項目	ページ
ケイトウ	15・26・48・57・199
ゲッカビジン	73・116
ゲットウ	68・134
ケマンソウ	11・140
ゲラニウム'ジョンソンズブルー'	37・93
ケローネ	19・137
ゲンノショウコ	44・103

コ

項目	ページ
コアジサイ	41・185
コスモス	19・30・44・60・74・167
コダチダリア	45・169
コチョウラン	8・32・52・62・138
ゴデチア	15・26・85
コデマリ	64・179
コバノズイナ	69・198
コバノタツナミ	38・134
コバンソウ	77・149
コヒマワリ	59・166
コヒルガオ	16・123
コブシ	62・106
コマツナギ	43・205
コリダリス'チャイナブルー'	36・132
コルチカム	20・127
コルムネア'スタバンガー'	24・132
コンフリー	42・137
コンボルブルス・サバティウス	40・123
コンロンカ	72・152

サ

項目	ページ
サイネリア	21・31・45・51・170
サギソウ	73・145
サクラソウ	10・35・90
ザクロ	49・136
サザンカ	21・45・104
サザンクロス	16・97
サツキ	25・48・68・121
サトザクラ	10・76・113
サフラン	45・127
サフランモドキ	20・110
サポナリア	17・101
サラサウツギ	14・115
サラサドウダン	27・136
サルスベリ	19・73・210
サルビア'インディゴスパイア'	43・203
サルビア・エレガンス	30・207
サルビア・グアラニティカ	43・204
サルビア・コクシネア	18・29・204
サルビア・スプレンデンス	27・200
サルビア・ネモローサ	40・200
サルビア・ミクロフィラ	25・142
サルビア・レウカンサ	45・207
サルピグロッシス	28・42・59・78・124
サワギキョウ	44・145
サンジャクバーベナ	43・188
サンシュユ	52・174
サンダーソニア	56・134
サンタンカ	15・26・48・183
サンビタリア	57・162

シ

項目	ページ
シオン	44・168
ジギタリス	14・39・56・135
シキミ	62・154
シクラメン	20・30・153
シコンノボタン	44・104
シザンサス	9・23・33・139
ジシバリ	55・159
シデコブシ	62・154
ジニア・エレガンス	18・29・50・59・73・78・164
ジニア・リネアリス	49・57・162
シノグロッサム	34・88
シバザクラ	9・33・87
シマサンゴアナナス	8・148
シモツケ	15・26・184
シモツケソウ	16・186
シャガ	35・172
シャクナゲ	10・23・35・119
シャクヤク	10・23・113
シャコバサボテン	30・51・147
シャスタデージー	68・160
ジャノメエリカ	21・210
ジャーマンアイリス	37・47・55・173
ジャーマンカモミール	66・159
シャリンバイ	67・181
シュウカイドウ	20・189

シュウメイギク ····· 20・45・74・117	スパラキシス ·········· 23・47・107	ダッチアイリス ········· 35・54・173
シュッコンカスミソウ ······ 71・209	スミレ ···················· 35・140	タニウツギ ················ 14・121
シュッコンスターチス ······ 41・209	スモークツリー ·········· 13・68・208	タマスダレ ················ 74・110
シュッコンバーベナ ········ 41・185		ダリア ······ 16・27・49・57・70・77・162
シュンギク ················ 54・158	**セ**	ダールベルグデージー ····· 57・161
ジューンベリー ············ 64・89	セイタカアワダチソウ ······ 61・207	ダンギク ············· 20・44・190
シュンラン ················ 76・139	セイヨウアジサイ ·········· 27・186	タンジー ·············· 59・189
ショウジョウバカマ ········· 9・154	セイヨウクモマグサ ········· 8・86	
シラー・カンパヌラタ ······· 35・131	セイヨウサンザシ ······· 13・25・182	**チ**
シラン ·············· 13・38・142	セイヨウタンポポ ·········· 54・156	チコリー ·············· 42・163
シラー・ベルビアナ ········ 35・179	セイヨウニンジンボク ······· 42・202	チーゼル ············ 19・78・153
シラユキゲシ ·············· 64・83	セイヨウバイモ ············ 76・130	チトニア ·············· 50・166
シロタエギク ············· 56・182	セージ ··················· 38・196	チャイブ ·············· 38・176
シロタエヒマワリ ·········· 60・167	セトクレアセア ············· 8・80	チャノキ ·············· 75・104
シロツメクサ ············· 69・176	ゼニアオイ ················ 40・97	チューリップ 9・23・33・46・53・63・76・130
シロヤマブキ ·············· 64・83	セラスチウム ············· 66・91	チューリップ・クルシアナ クリサンサ 54・107
ジンジャー ················ 74・146	ゼラニウム ······· 9・23・34・46・179	チューリップ'ライラックワンダー'10・107
ジンチョウゲ ·············· 62・81	セリンセ ·················· 36・133	チョウジソウ ············ 38・94
シンビジウム 21・31・51・61・75・78・147	センダイハギ ·············· 54・194	チョウセンレンギョウ ····· 53・82
	セントポーリア ············ 32・86	チョコレートコスモス ····· 78・164
ス	セントランサス ········ 16・71・187	チリアヤメ ············ 38・80
スイカズラ ················ 69・150	センニチコウ ··· 18・29・43・50・73・152	
スイセン ·············· 52・62・111	センニンソウ ·············· 74・85	**ツ**
スイセンノウ ········· 15・26・96		ツキヌキニンドウ ········ 25・133
スイセン ブルボコジウム ···· 53・118	**ソ**	ツバキ ············· 21・31・75・104
スイートアリッサム ········ 20・30・191	ソケイ ···················· 74・103	ツユクサ ·············· 42・144
スイートサルタン ······· 11・159	ソバ ····················· 74・189	ツルニチニチソウ ········ 32・86
スイートピー ······ 11・24・36・66・140	ソリダスター ·············· 59・210	ツルハナナス ·········· 43・73・101
スイレン ············· 17・28・72・116		ツルボ ·············· 19・206
スカシユリ ················ 49・109	**タ**	ツワブキ ·············· 61・168
スカビオサ ·········· 32・76・156	ダイコン ·················· 64・83	
スターチス ·········· 10・35・54・179	タイサンボク ·············· 68・115	**テ**
ストケシア ················ 42・164	タイム ···················· 14・182	ディアスシア ········· 12・66・141
ストック ··············· 21・45・207	ダイモンジソウ ············ 75・146	ティアレラ ············ 64・194
ストレプトカーパス ······· 12・37・120	タイワンホトトギス ·········· 45・110	テイカカズラ ·········· 68・94
ストレリチア ········· 47・55・149	タカサゴユリ ·············· 74・126	ディモルフォセカ ········ 46・53・157
スノードロップ ············ 62・80	タケニグサ ················ 73・210	デージー ············ 21・31・75・170
スノーフレーク ············ 64・131	タチアオイ ·········· 16・28・71・78・98	テッポウユリ ·········· 63・76・119
スパティフィルム ·········· 72・152	タチツボスミレ ············ 35・140	デュランタ ············ 41・200

デルフィニウム	11・36・66・195
デンドロビウム	8・32・52・62・138
デンファレ	8・32・62・138

ト

ドイツスズラン	65・132
ドウダンツツジ	64・130
トキワマンサク	10・23・65・155
ドクダミ	71・85
トケイソウ	40・70・116
トサミズキ	53・129
トチノキ	67・196
トリカブト	44・153
トリテレイア	38・122
トリトマ	27・49・200
トルコギキョウ	15・26・40・122
トレニア	25・37・66・142
トロリウス	57・116
トロロアオイ	59・102

ナ

ナスタチウム	24・47・55・92
ナツズイセン	19・126
ナツツバキ	71・198
ナニワイバラ	65・90
ナノハナ	53・82
ナルコユリ	68・134
ナンテン	70・208

ニ

ニオイイリス	64・172
ニオイバンマツリ	38・94
ニガウリ	58・99
ニゲラ	38・115
ニコチアナ	16・27・77・123
ニセアカシア	68・197
ニチニチソウ	16・27・70・97
ニホンズイセン	75・111
ニューギニアインパチエンス	16・40・48・144
ニラ	74・190
ニリンソウ	65・90
ニーレンベルギア	40・69・96
ニワウメ	10・89
ニワザクラ	64・113
ニワゼキショウ	39・108
ニワナナカマド	71・209
ニンジン	69・183

ネ

ネジバナ	15・199
ネムノキ	28・187
ネメシア	23・33・46・53・139
ネモフィラ	35・77・90
ネリネ	20・30・51・75・190

ノ

ノイバラ	68・94
ノウゼンカズラ	50・125
ノカンゾウ	50・110
ノゲイトウ	19・29・205
ノコンギク	44・167
ノシラン	73・205
ノリウツギ	73・188

ハ

バイカウツギ	68・84
パイナップルリリー	71・201
ハイビスカス	16・27・48・57・70・97
ハイブリッドカラー	16・27・49・58・78・151
バイモ	76・129
パキスタキス'ルテア'	57・150
ハクチョウゲ	69・95
ハクモクレン	63・129
バコパ	10・34・88
ハゴロモジャスミン	65・90
バージニアストック	10・35・83
バジル	72・203
ハス	18・117
ハツコイソウ	45・51・60・146
ハーデンベルギア	45・207
ハナアザミ	12・24・171
ハナアナナス	13・149
ハナカイドウ	10・113
ハナカンザシ	63・157
ハナザクロ	49・115
ハナショウブ	41・173
ハナズオウ	10・194
ハナニラ	33・107
ハナビシソウ	23・46・53・82
ハナミズキ	10・23・65・84
ハナモモ	9・22・113
ハナワギク	56・68・160
パフィオペディルム	78・147
バーベナ	9・22・33・46・63・87
ハマギク	75・168
ハマナス	14・96
ハマユウ	72・155
ハルジオン	9・157
ハルシャギク	58・163
ハンカチツリー	65・148
ハンゲショウ	72・151
パンジー&ビオラ	20・30・45・51・60・75・78・147
バンダ	32・52・138

ヒ

ヒアシンス	9・22・33・46・53・63・192
ヒイラギナンテン	53・129
ヒオウギ	50・110
ヒガンバナ	30・190
ビグノニア	47・132
ビジョナデシコ	23・76・180
ヒソップ	42・203
ヒトツバタゴ	67・155
ヒナゲシ	9・23・83
ヒペリカム'ヒドコート'	58・99
ヒマラヤユキノシタ	9・88
ヒマワリ	30・50・60・78・166

215

ヒメイワダレソウ ………… 70・184	ブルビネラ …………… 46・53・193	ホタルブクロ ………… 14・39・69・135
ヒメウツギ ……………………… 68・95	ブルーベリー ………………… 64・131	ボタン ……… 13・25・38・47・56・67・114
ヒメエニシダ …………………… 56・197	プルメリア ……………………… 62・86	ポーチュラカ ……… 18・29・50・59・101
ヒメキンギョソウ 9・34・53・63・193	ブルーレースフラワー ……… 39・182	ホテイアオイ ………………… 42・144
ヒメサユリ ……………………… 16・123	プレクトランサス'モナラベンダー'41・136	ホトトギス ……………………… 45・110
ヒメシャガ ……………………… 38・173	フレンチマリーゴールド 27・49・58・162	ボリジ …………………… 39・69・95
ヒメシャラ ………………………… 71・99	フレンチラベンダー …………… 39・199	ボロニア・ピンナータ ………… 8・81
ヒメツルソバ …………………… 66・175	フロックス・ドラモンディー … 24・36・92	ホワイトレースフラワー …… 70・184
ヒュウガミズキ ………………… 53・129	フロック・ピロサ ……………… 12・36・92	ポンテデリア …………………… 41・201
ヒューケラ ………………… 14・68・197		
ビヨウヤナギ …………………… 58・99	**ヘ**	**マ**
ピラカンサ ……………………… 67・93	ヘクソカズラ …………………… 74・137	マーガレット ……… 9・23・54・63・158
ヒルザキツキミソウ …………… 14・85	ベゴニア・センパフローレンス 12・25・66・141	マーガレットコスモス ……… 60・168
ビロードモウズイカ …………… 60・206	ペチュニア ……… 13・25・37・67・77・120	マダガスカルジャスミン …… 66・120
	ベニジウム ……………………… 51・170	マツバギク ………… 12・36・47・66・159
フ	ベニバナ ………………………… 49・171	マツバボタン ………… 17・28・59・72・116
フィソステギア ………………… 19・205	ベニバナサワギキョウ ……… 30・145	マトリカリア ……………… 56・69・161
フウリンソウ ……………… 15・40・69・135	ベニバナトチノキ ……………… 14・197	マルバアサガオ ………………… 44・125
フェイジョア ……………………… 70・85	ペーパーデージー ……………… 54・157	マンサク ……………………… 52・154
フェンネル ……………………… 58・187	ペパーミント …………………… 17・203	マンデビラ …………………… 17・28・124
フクシア ……………………… 11・24・36・133	ヘメロカリス … 15・26・48・57・77・122	
フクジュソウ …………………… 52・112	ベラドンナリリー ……………… 19・126	**ミ**
ブーゲンビレア 16・27・40・49・70・151	ペラルゴニウム ………… 9・23・76・178	ミソハギ ……………………… 19・44・205
フジ ……………………………… 35・65・194	ヘリオトロープ ………………… 39・183	ミツバツツジ …………………… 34・119
フジバカマ ……………………… 20・190	ヘレニウム ………………… 29・50・60・166	ミツマタ ……………………… 22・53・178
フッキソウ ……………………… 63・192	ベロニカ'オックスフォードブルー' 35・84	ミムラス ………………… 24・36・55・141
ブッドレア ……………………… 18・43・204	ベロニカ・スピカータ ………… 40・199	ミヤギノハギ …………………… 44・146
ブバルディア ……………………… 26・68・183	ベロペロネ ……………… 57・77・150	ミヤコワスレ ………………… 11・35・158
フヨウ …………………………… 20・74・103	ペンステモン・スモーリー 40・135	
ブラキカム ……………………… 18・165	ペンステモン'ハスカーズレッド' 70・136	**ム**
フランネルフラワー …………… 63・112	ペンタス ………………… 16・27・70・184	ムクゲ ………………… 19・30・74・103
フリージア ……… 22・33・46・53・63・118		ムシトリナデシコ ……………… 14・182
プリムラ・オブコニカ 21・45・51・105	**ホ**	ムスカリ ……………………… 33・63・133
プリムラ・ジュリアン 21・31・51・61・78・105	ポインセチア ……… 31・51・61・153	ムベ …………………………… 65・132
プリムラ・デンティクラータ 11・35・174	ホウセンカ ……… 17・42・49・72・144	ムラサキケマン ………………… 37・133
プリムラ・ポリアンサ 21・31・45・61・105	ホウチャクソウ ………………… 65・132	ムラサキセンダイハギ ……… 41・202
プリムラ・マラコイデス 21・31・45・75・104	ホオノキ ………………………… 69・115	ムラサキツメクサ ……………… 26・176
フリンジドラベンダー ………… 37・196	ボケ …………………… 8・22・62・87	ムラサキツユクサ ……………… 42・80
ブルーデージー ………………… 34・158		ムラサキハナナ ………………… 35・84

ムラサキルーシャン ……… 44・171

メ
メキシコマンネングサ …… 54・180
メランポジウム ……………… 57・161

モ
モクレン ……………………… 33・129
モッコウバラ ………………… 54・114
モナルダ …………… 28・72・188
モミジアオイ ………………… 29・102

ヤ
ヤグルマギク …… 12・24・37・77・159
ヤツデ ………………………… 75・177
ヤナギバヒマワリ …………… 61・169
ヤブカンゾウ ………………… 50・117
ヤブデマリ …………………… 69・183
ヤブミョウガ ………………… 74・206
ヤブラン ……………………… 44・206
ヤマアジサイ ……… 28・41・71・187
ヤマツツジ …………………… 48・121
ヤマハギ ……………………… 42・144
ヤマブキ …………… 54・55・88
ヤマボウシ …………………… 65・84
ヤマユリ ……………………… 71・108

ユ
ユウギリソウ ………………… 43・209
ユウゼンギク ……… 18・43・165
ユキノシタ …………………… 69・142
ユキヤナギ …………………… 63・88
ユキワリソウ(雪割草) …… 32・111
ユスラウメ …………………… 64・89
ユーチャリス ………………… 75・127
ユーパトリウム・ルゴサム   74・189
ユーフォルビア・ウルフェニー 77・179
ユーフォルビア'ダイアモンドフロスト' 66・208
ユーリオプス'ゴールデンクラッカー' 61・210

ユーリオプスデージー …… 61・170
ユリノキ ……………………… 77・108

ヨ
ヨウシュヤマゴボウ ……… 72・203
ヨルガオ ……………………… 74・126

ラ
ライスフラワー ……………… 65・180
ライラック …………… 11・36・195
ラークスパー … 12・24・37・66・195
ラグラス ……………………… 65・195
ラッセルルピナス 14・39・48・56・197
ラナンキュラス   11・23・47・55・114
ラムズイヤー ………………… 39・198
ランタナ …… 16・27・49・58・70・185

リ
リアトリス …………… 19・44・205
リキュウバイ ………………… 65・91
リクニス × ハーゲアナ … 28・49・99
リクニス・フロス - ククリ 14・69・155
リシマキア・キリアータ …… 58・100
リシマキア・ヌンムラリア … 55・92
リナリア・プルプレア …… 15・39・199
リビングストンデージー 11・24・36・47・159
リューココリネ ……………… 33・106
リョウブ ……………………… 72・202
リンドウ ……………… 20・44・127

ル
ルクリア ……………………… 21・105
ルコウソウ …………………… 30・126
ルドベキア'タカオ' ………… 60・167
ルドベキア・ヒルタ …… 50・59・165
ルリタマアザミ ……… 42・72・177
ルリマツリ …………… 40・70・185
ルリヤナギ …………………… 44・103

レ
レーマンニア ………………… 39・142
レンギョウ …………………… 53・81
レンゲ ………………………… 12・181
レンゲツツジ ………………… 48・122

ロ
ロウバイ ……………………… 61・128
ローズゼラニウム …………… 14・143
ローズマリー ………………… 32・138
ローダンセ …………………… 12・160
ローダンセマム ……… 14・69・160
ロベリア・エリヌス 12・37・66・141
ロベリア・スペシオサ 19・29・206

ワ
ワスレナグサ ………… 11・36・91
ワックスフラワー …… 12・37・92
ワレモコウ …………………… 78・152

園芸分類別索引

＊パート2で紹介した植物を①園芸草花（1・2年草）、②園芸草花（宿根草）、③園芸草花（球根）、④樹木、⑤温室植物、⑥野草、⑦果樹&野菜ハーブの順に配列してあります。本来は宿根草でも日本では寒さと暑さに弱く1・2年草扱いされるものは、1・2年草としました。温室植物はおもに温度や湿度を調節した室内や温室で栽培されるものですが、最近の地球の温暖化により戸外で生育するものがふえています。

🌼 園芸草花（1・2年草）

アイスランドポピー ……81	コスモス ……167	ニーレンベルギア ……96
アゲラタム ……171	ゴデチア ……85	ネメシア ……139
アグロステンマ ……93	コバンソウ ……149	ネモフィラ ……90
アサガオ ……125	サイネリア ……170	バージニアストック ……83
アスター ……163	サルビア・コクシネア ……204	ハナカンザシ ……157
アフリカンマリーゴールド ……163	サルビア・スプレンデンス ……200	ハナビシソウ ……82
アンゲロニア ……143	サルピグロッシス ……124	ハナワギク ……60
イエローサルタン ……158	サンダーソニア ……134	バーベナ ……87
イソトマ ……143	サンビタリア ……162	ハルシャギク ……163
イベリス・ウンベラータ ……180	シザンサス ……139	パンジー&ビオラ ……147
インパチエンス ……143	ジニア・エレガンス ……164	ビジョナデシコ ……180
ウォールフラワー ……85	ジニア・リネアリス ……162	ヒナゲシ ……83
ウンナンサクラソウ ……86	シノグロッサム ……88	ヒマワリ ……166
オジギソウ ……177	シロタエギク ……182	ヒメキンギョソウ ……193
オルレア ……180	スイートアリッサム ……191	フウリンソウ ……135
ガイラルディア ……165	スイートサルタン ……159	プリムラ・オブコニカ ……105
カスミソウ ……209	スイートピー ……140	プリムラ・ジュリアン ……105
カーネーション ……114	スターチス ……179	プリムラ・ポリアンサ ……105
カルセオラリア ……148	ストック ……207	プリムラ・マラコイデス ……104
キバナコスモス ……162	セリンセ ……133	ブルーレースフラワー ……182
キバナルピナス ……195	センニチコウ ……152	プレクトランサス'モナラベンダー' ……136
ギリア・トリコロール ……91	ダールベルグデージー ……161	フレンチマリーゴールド ……162
ギリア・レプタンサ ……174	チーゼル ……153	フロックス・ドラモンディー ……92
キンギョソウ ……141	チトニア ……166	ベゴニア・センパフローレンス ……141
キンセンカ ……156	デージー ……170	ペチュニア ……120
クラスペディア ……177	ディモルフォセカ ……157	ベニジウム ……170
クリサンセマム・パルドーサム ……170	トルコギキョウ ……122	ベニバナ ……171
クリサンセマム・ムルチコーレ ……157	トレニア ……142	ペーパーデージー ……157
クリムゾンクローバー ……195	ニゲラ ……115	ホウセンカ ……144
クレオメ ……144	ニコチアナ ……123	ポーチュラカ ……101
ケイトウ ……199	ニチニチソウ ……97	ホワイトレースフラワー ……184
	ニューギニアインパチエンス ……144	マツバボタン ……116

218

マトリカリア……161	エリゲロン・カルビンスキアヌス 161	ケローネ……137
ミムラス……141	エリンジウム・プラヌム……176	コヒマワリ……166
ムシトリナデシコ……182	エレモフィラ……131	コリダリス'チャイナブルー'……132
メランポジウム……161	オキシペタルム……96	コンフリー……137
ヤグルマギク……159	オイランソウ……101	コンボルブルス・サバティウス 123
ユウギリソウ……209	オオキンケイギク……161	サポナリア……101
ヨルガオ……126	オオハンゴンソウ……166	サルビア'インディゴスパイア'……203
ラークスパー……195	オオベンケイソウ……189	サルビア・エレガンス……207
ラグラス……195	オシロイバナ……124	サルビア・グアラニティカ……204
リビングストンデージー……159	オステオスペルマム……157	サルビア・ネモローサ……200
ルコウソウ……126	オダマキ……96	サルビア・ミクロフィラ……142
ルドベキア・ヒルタ……165	オトメギキョウ……89	サルビア・レウカンサ……207
ローダンセ……160	オリエンタルポピー……108	サンジャクバーベナ……188
ローダンセマム……160	オルフィウム……98	ジギタリス……135
ロベリア・エリヌス……141	ガウラ……145	シバザクラ……87
ワスレナグサ……91	ガザニア……160	シャクヤク……113
	ガーベラ……160	シャコバサボテン……147
🔶 **園芸草花（宿根草）**	カラミンサ……209	シャスタデージー……160
アイビーゼラニウム……141	カランコエ'ウェンディ'……128	ジャーマンアイリス……173
アカンサス……202	カリブラコア……120	シュウメイギク……117
アガパンサス……176	カレンデュラ'冬知らず"……170	シュッコンカスミソウ……209
アキレア……188	カンパヌラ・グロメラタ……183	シュッコンスターチス……209
アクイレギア……93	カンパヌラ・ペルシキフォリア……95	シュッコンバーベナ……185
アークトチス ハーレクイングループ 169	カンパヌラ・ラクティフロラ……101	シラユキゲシ……83
アスチルベ……208	カンパヌラ・ラプンクロイデス 134	シラン……142
アストランチア……186	キク……169	シロタエヒマワリ……167
アプテニア……165	キキョウ……100	スイセンノウ……96
アメリカフヨウ……102	キクイモモドキ……164	スイレン……116
アメリカンブルー……97	キダチベゴニア……181	スカビオサ……156
アジュガ……193	キバナノコギリソウ……187	ストケシア……164
アルケミラ・モリス……181	キャットミント……200	ストレプトカーパス……120
アルメリア……174	キントラノオ……100	セイヨウクモマグサ……86
アロエ……137	クジャクアスター……167	セトクレアセア……80
イチハツ……172	クリスマスローズ……87	ゼニアオイ……97
イトバハルシャギク……163	クリーピングタイム……176	セラスチウム……91
イベリス・センペルビレンス……178	クレマチス……111	ゼラニウム……179
インカルビレア……122	クレマチス・アーマンディー……82	セントランサス……187
インドハマユウ……124	クレマチス・モンタナ……83	ソリダスター……210
ウインターコスモス……168	クンシラン……106	タチアオイ……98
エキザカム……100	ケマンソウ……140	ダンギク……190
エキナセア……164	ゲラニウム'ジョンソンズブルー' 93	チョコレートコスモス……164

ツルニチニチソウ	86	
ディアスシア	141	
ティアレラ	194	
デルフィニウム	195	
ドイツスズラン	132	
トリカブト	153	
トリトマ	200	
トロリウス	116	
トロロアオイ	102	
ニオイイリス	172	
バコパ	88	
ハツコイソウ	146	
ハナアザミ	171	
ハナショウブ	173	
ヒオウギ	110	
ヒマラヤユキノシタ	88	
ヒメイワダレソウ	184	
ヒューケラ	197	
ヒルザキツキミソウ	85	
フィソステギア	205	
フッキソウ	192	
ブラキカム	165	
フランネルフラワー	112	
プリムラ・デンティクラータ	174	
ブルーデージー	158	
フロックス・ピロサ	92	
ベニバナサワギキョウ	145	
ヘメロカリス	122	
ペラルゴニウム	178	
ヘレニウム	166	
ベロニカ'オックスフォードブルー'	84	
ベロニカ・スピカータ	199	
ペンステモン・スモーリー	135	
ペンステモン'ハスカーズレッド'	136	
ホテイアオイ	144	
ポンテデリア	201	
マーガレット	158	
マーガレットコスモス	168	
マツバギク	159	
ミヤコワスレ	158	
ムラサキセンダイハギ	202	

ムラサキツユクサ	80
ムラサキルーシャン	171
モナルダ	188
モミジアオイ	102
ヤナギバヒマワリ	169
ユウゼンギク	165
ユーパトリウム・ルゴサム	189
ユーフォルビア・ウルフェニー	179
ユーフォルビア'ダイアモンドフロスト'	208
ユーリオプス'ゴールデンクラッカー'	210
ユーリオプスデージー	170
ライスフラワー	180
ラッセルルピナス	197
ラムズイヤー	198
リアトリス	205
リクニス × ハーゲアナ	99
リクニス・フロス - ククリ	155
リシマキア・キリアータ	100
リシマキア・ヌンムラリア	92
リナリア・プルプレア	199
リンドウ	127
ルドベキア'タカオ'	167
ルリタマアザミ	177
レーマンニア	142
ロベリア・スペシオサ	206

🌱 園芸草花（球根）

アキメネス	124
アッツザクラ	107
アネモネ	112
アネモネ・ブランダ	156
アノマテカ	108
アマリリス	121
アリウム・ギガンチウム	175
アリウム・モリー	181
アルストロメリア	140
イキシア	193
イリス・レティクラータ	172
インカノカタバミ	100
オオアマナ	107
オランダカイウ	149

カマシア	197
ガルトニア	137
カンナ	145
キバナカイウ	149
キュウコンベゴニア	114
キルタンサス	127
グラジオラス	203
グロキシニア	120
クロコスミア	198
クロッカス	118
グロリオサ	109
コダチダリア	169
コルチカム	127
サフランモドキ	110
シクラメン	153
シュウカイドウ	189
シラー・カンパヌラタ	131
シラー・ペルビアナ	179
ジンジャー	146
スイセン	111
スイセン ブルボコジウム	118
スノードロップ	80
スノーフレーク	131
スパラキシス	107
セイヨウバイモ	130
ダッチアイリス	173
タマスダレ	110
ダリア	162
チューリップ	130
チューリップ・クルシアナ クリサンサ	107
チューリップ'ライラックワンダー'	107
チリアヤメ	80
テッポウユリ	126
トリテレイア	122
ネリネ	190
パイナップルリリー	201
ハイブリッドカラー	151
バイモ	129
ハナニラ	107
ヒアシンス	192
フリージア	118

ブルビネラ … 193	キンモクセイ … 191	トケイソウ … 116
ベラドンナリリー … 126	ギンヨウアカシア … 178	トサミズキ … 129
ムスカリ … 193	クサギ … 102	トチノキ … 196
ユーチャリス … 127	クチナシ … 109	ナツツバキ … 98
ラナンキュラス … 114	クルメツツジ … 119	ナニワイバラ … 90
リューココリネ … 106	クロバナロウバイ … 115	ナンテン … 208
	コアジサイ … 185	ニセアカシア … 197

◆ 樹木

	コデマリ … 179	ニワウメ … 89
アカバナトチノキ … 134	コバノズイナ … 198	ニワザクラ … 113
アザレア … 116	コブシ … 106	ニワナナカマド … 209
アジサイ … 186	サツキ … 121	ネムノキ … 187
アセビ … 128	サトザクラ … 113	ノイバラ … 94
アベリア … 124	サラサウツギ … 115	ノウゼンカズラ … 125
アメリカアジサイ'アナベル' … 177	サラサドウダン … 136	ノリウツギ … 188
アメリカイワナンテン … 194	サルスベリ … 210	バイカウツギ … 84
アメリカデイコ … 151	サンシュユ … 174	ハクチョウゲ … 95
イトラン … 136	シキミ … 154	ハクモクレン … 129
ウキツリボク … 133	シコンノボタン … 104	ハゴロモジャスミン … 90
ウメ … 105	シデコブシ … 154	ハナカイドウ … 113
ウンナンオウバイ … 112	シモツケ … 184	ハナザクロ … 115
エゴノキ … 94	シャクナゲ … 119	ハナズオウ … 194
エニシダ … 142	ジャノメエリカ … 210	ハナミズキ … 84
エリカ'クリスマスパレード' … 137	シャリンバイ … 181	ハナモモ … 113
オウバイ … 118	ジューンベリー … 89	ハマナス … 96
オオデマリ … 175	シロヤマブキ … 83	ハンカチツリー … 148
オオムラサキ … 119	ジンチョウゲ … 81	ハンゲショウ … 151
ガクアジサイ … 186	スイカズラ … 150	ヒイラギナンテン … 129
カシワバアジサイ … 201	スモークツリー … 208	ビグノニア … 132
カラタネオガタマ … 108	セイヨウアジサイ … 186	ヒトツバタゴ … 155
カリステモン … 196	セイヨウサンザシ … 152	ヒペリカム'ヒドコート' … 99
カリフォルニアライラック … 74	セイヨウニンジンボク … 202	ヒメエニシダ … 197
カルミア … 175	タイサンボク … 115	ヒメウツギ … 95
カロライナジャスミン … 118	タニウツギ … 121	ヒメシャラ … 99
カンツバキ … 117	チャノキ … 104	ヒュウガミズキ … 129
カンヒザクラ … 128	チョウセンレンギョウ … 82	ビヨウヤナギ … 99
キソケイ … 121	ツキヌキニンドウ … 133	ピラカンサ … 93
キブシ … 192	ツルハナナス … 101	フジ … 194
キョウチクトウ … 102	ツバキ … 104	ブッドレア … 204
キングサリ … 196	テイカカズラ … 94	フヨウ … 103
キンシバイ … 98	ドウダンツツジ … 130	ベニバナトチノキ … 197
ギンバイカ … 98	トキワマンサク … 155	ヘリオトロープ … 183

ホオノキ … 115	オンシジウム … 146	マダガスカルジャスミン … 120
ボケ … 87	カトレア … 146	マンデビラ … 124
ボタン … 114	カラテア・クロカータ … 148	ランタナ … 185
マンサク … 154	カランコエ … 191	ルクリア … 105
ミツバツツジ … 119	カンガルーポー … 130	ロウバイ … 128
ミツマタ … 178	キングプロテア … 149	ワックスフラワー … 92
ミヤギノハギ … 146	グズマニア … 150	
ムクゲ … 103	クルクマ'シャローム' … 153	❖ 野草
ムベ … 132	クロサンドラ … 143	アケボノフウロ … 91
モクレン … 129	グロッバ … 150	アマドコロ … 131
モッコウバラ … 114	ゲッカビジン … 116	アヤメ … 173
ヤツデ … 177	ゲットウ … 134	イカリソウ … 82
ヤブデマリ … 183	コチョウラン … 138	イソギク … 191
ヤマアジサイ … 187	コルムネア'スタバンガー' … 132	イヌタデ … 200
ヤマツツジ … 121	コンロンカ … 152	イモカタバミ … 96
ヤマハギ … 144	サザンクロス … 97	イワタバコ … 99
ヤマブキ … 88	サンタンカ … 183	ウツボグサ … 202
ヤマボウシ … 84	シマサンゴアナナス … 148	エビネ … 139
ユキヤナギ … 88	シンビジウム … 147	オオイヌノフグリ … 81
ユスラウメ … 89	ストレリチア … 149	オオケタデ … 206
ユリノキ … 108	スパティフィルム … 152	オオマツヨイグサ … 125
ライラック … 195	セントポーリア … 86	オカトラノオ … 201
リキュウバイ … 91	ソケイ … 103	オドリコソウ … 179
リョウブ … 202	デュランタ … 200	オニユリ … 109
ルリマツリ … 185	デンドロビウム … 138	オミナエシ … 189
ルリヤナギ … 103	デンファレ … 138	カキツバタ … 173
レンギョウ … 81	ニオイバンマツリ … 94	カタクリ … 106
レンゲツツジ … 122	ハイビスカス … 97	カノコユリ … 109
	パキスタキス'ルテア' … 150	ガマ … 201
❖ 温室植物	ハーデンベルギア … 207	カライトソウ … 198
アカリファ'キャッツテール' … 192	ハナアナナス … 149	カラスノエンドウ … 139
アスクレピアス … 184	パフィオペディルム … 147	カワラナデシコ … 100
アフェランドラ'ダニア' … 152	バンダ … 138	キエビネ … 140
アブチロン … 92	フクシア … 133	キカラスウリ … 155
アラマンダ … 122	ブーゲンビレア … 151	キショウブ … 172
アンスリウム … 150	ブバルディア … 183	キツネノカミソリ … 126
エスキナンサス … 135	プルメリア … 86	ギボウシ … 123
エピデンドルム … 191	ベロペロネ … 150	キリンソウ … 187
エラチオールベゴニア … 117	ペンタス … 184	クガイソウ … 204
エンゼルストランペット … 125	ポインセチア … 153	クズ … 204
オオインコアナナス … 151	ボロニア・ピンナータ … 81	クリンソウ … 91

クロユリ	131	
ゲンノショウコ	103	
コバノタツナミ	134	
コヒルガオ	123	
コマツナギ	205	
サギソウ	145	
サクラソウ	90	
サワギキョウ	145	
シオン	168	
ジシバリ	159	
シモツケソウ	186	
シャガ	172	
シュンラン	139	
ショウジョウバカマ	154	
シロツメクサ	176	
スカシユリ	109	
スミレ	140	
セイタカアワダチソウ	207	
セイヨウタンポポ	156	
センダイハギ	194	
センニンソウ	85	
ソバ	189	
ダイモンジソウ	146	
タイワンホトトギス	110	
タチツボスミレ	140	
チョウジソウ	94	
ツユクサ	144	
ツルボ	206	
ツワブキ	168	
テッポウユリ	119	
ドクダミ	85	
ナツズイセン	126	
ナノハナ	82	
ナルコユリ	134	
ニホンズイセン	111	
ニリンソウ	90	
ニワゼキショウ	108	
ネジバナ	199	
ノカンゾウ	110	
ノゲイトウ	205	
ノコンギク	167	
ノシラン	205	
ハマギク	168	
ハマユウ	155	
ハルジオン	157	
ヒガンバナ	190	
ヒメサユリ	123	
ヒメシャガ	173	
ヒメツルソバ	175	
ビロードモウズイカ	206	
フクジュソウ	112	
フジバカマ	190	
ヘクソカズラ	137	
ホタルブクロ	135	
ホトトギス	110	
マルバアサガオ	125	
ミソハギ	205	
ムラサキケマン	133	
ムラサキツユクサ	176	
ムラサキハナナ	84	
メキシコマンネングサ	180	
ヤブカンゾウ	117	
ヤブミョウガ	206	
ヤブラン	206	
ヤマユリ	108	
ユキノシタ	142	
ユキワリソウ(雪割草)	111	
ヨウシュヤマゴボウ	203	
レンゲ	181	
ワレモコウ	152	

🌸 果樹&野菜・ハーブ

アケビ	80
アサツキ	175
アーティチョーク	171
アンズ	87
イチゴ	88
イングリッシュラベンダー	198
ウコン	153
ウンシュウミカン	94
エンドウ	139
オクラ	102
オリーブ	181
オレガノ	188
カリン	89
キウイフルーツ	93
キュウリ	95
ザクロ	136
サフラン	127
ジャーマンカモミール	159
シュンギク	158
セージ	196
ダイコン	83
タイム	182
タンジー	189
チコリー	163
チャイブ	176
ニガウリ	99
ニラ	190
ニンジン	183
バジル	203
ハス	117
ヒソップ	203
フェイジョア	85
フェンネル	187
フレンチラベンダー	199
フリンジドラベンダー	196
ブルーベリー	131
ペパーミント	203
ボリジ	95
ローズゼラニウム	143
ローズマリー	138

223

◆ 協力者一覧 ◆

装丁・本文デザイン：森 佳織
図版製作：島野麻衣子
編集協力：澤泉美智子
写真撮影：講談社写真部(林 桂多・山口隆司・森 清)
写真提供：久志博信
撮影協力：アンディ＆ウィリアムスボタニックガーデン
　　　　　音ノ葉
　　　　　京王フローラルガーデン アンジェ
　　　　　晴海トリトンスクエア

だれでも花の名前（はなのなまえ）がわかる本（ほん）

2015年3月13日　第1刷発行

講談社編（こうだんしゃへん）

発行者	鈴木 哲
発行所	株式会社 講談社
	〒112-8001　東京都文京区音羽2-12-21
販売部	TEL03-5395-3625
業務部	TEL03-5395-3615
編　集	株式会社 講談社エディトリアル
代　表	田村 仁
	〒112-0013　東京都文京区音羽1-17-18
	護国寺SIAビル6F
	編集部　TEL03-5319-2171
印刷所	大日本印刷株式会社
製本所	大口製本印刷株式会社

定価はカバーに表示してあります。
本書のコピー、スキャン、デジタル化等の無断複製は、著作権法上の例外を除き禁じられています。本書を代行業者等の第三者に依頼してスキャンやデジタル化することは、たとえ個人や家庭内の利用でも著作権法違反です。
落丁本、乱丁本は購入書店名を明記のうえ、講談社業務部あてにお送りください。送料は小社負担にてお取り替えいたします。なお、この本についてのお問い合わせは、講談社エディトリアルあてにお願いします。

N.D.C.470 223p 19㎝
Ⓒ Kodansha 2015 Printed in Japan
ISBN 978-4-06-219366-5